# 水利工程项目施工技术

宋宏鹏　陈庆峰　崔新栋　主编

吉林科学技术出版社

图书在版编目（CIP）数据

水利工程项目施工技术 / 宋宏鹏，陈庆峰，崔新栋
主编. -- 长春 : 吉林科学技术出版社，2022.8
ISBN 978-7-5578-9421-4

Ⅰ. ①水… Ⅱ. ①宋… ②陈… ③崔… Ⅲ. ①水利工
程—工程施工—施工管理 Ⅳ. ① TV512

中国版本图书馆 CIP 数据核字 (2022) 第 113601 号

# 水利工程项目施工技术

主　　编　宋宏鹏　陈庆峰　崔新栋
出 版 人　宛　霞
责任编辑　赵　沫
封面设计　树人教育
制　　版　树人教育
幅面尺寸　185mm×260mm
开　　本　16
字　　数　270 千字
印　　张　12.125
印　　数　1–1500 册
版　　次　2022年8月第1版
印　　次　2022年8月第1次印刷

出　　版　吉林科学技术出版社
发　　行　吉林科学技术出版社
地　　址　长春市南关区福祉大路5788号出版大厦A座
邮　　编　130118
发行部电话/传真　0431-81629529　81629530　81629531
81629532　81629533　81629534
储运部电话　0431-86059116
编辑部电话　0431-81629510
印　　刷　廊坊市印艺阁数字科技有限公司

书　　号　ISBN 978-7-5578-9421-4
定　　价　50.00 元

# 前 言

水利工程的施工不仅影响着工程质量和使用效能，还关系着下游地区人民群众的生命财产安全，因此历来受到国家有关部门的高度重视。确保工程质量，除了采用合格的原材料之外，最重要的是根据施工现场的实际条件选择合理的施工方法。

水利施工企业在面临强大的市场压力及严峻的社会竞争形势下，只有不断地提高施工技术力量，确保工程质量，提升自己的竞争力，以质取胜、走质量效益型道路才是我国施工企业生存发展的必经之路。从水利工程施工开始到主体工程完成的时间段来看，水利工程不可避免地需要进行冬季施工。冬季施工对混凝土质量有着非常重要的影响，为此如何有效地采用混凝土冬季施工技术成为影响建筑工程施工质量的关键。

水利施工技术的先进与否，决定着我国水利工程将来的发展前景。水利施工是一个长远的项目，针对当前施工技术中存在的问题，企业应充分认识自身现状将解决问题的措施逐步应用到实际中，促进水利施工技术的提高，促进企业的长远发展。

水利工程施工质量的好坏直接关系国家和人民的生命财产安全，因此，提高水利工程施工质量在整个水利工程施工的过程中占有极其重要的位置。只有提高水利工程施工技术才能确保水利工程施工高效、安全地完成工程作业任务，同时也确保水利工程施工质量和完成后所带来的巨大经济利益。

# 目 录

# 第一章　绪论

水利工程是国民经济的基础性事业，肩负着发电、水利灌溉、排涝等水利方面的艰巨任务，从某种程度上来说，水利工程建设的好坏直接影响着国家经济的发展及国家的经济发展。现阶段还存在着一些问题，其中最重要的是水利施工技术，所以对水利工程施工技术进行分析是保证水利工程进行的前提和重点，本章将对水利工程、规划以及问题建议进行分析。

## 第一节　水资源及其开发

### 一、水资源的特征与重要性

根据世界气象组织和联合国教科文组织*INTERNATIONAL GLOSSARY OFHYDROLOGY*中有关水资源的定义，水资源是指可资利用或有可能被利用的水源，这个水源应具有足够的数量和合适的质量，并满足某一地方在一段时间内具体利用的需求。根据全国科学技术名词审定委员会公布的水利科技名词中有关水资源的定义，水资源是指地球上具有一定数量和可用质量能从自然界中获得补充并可资利用的水。

#### （一）重要性

水不仅是构成身体的主要成分，还有许多生理功能。

水的溶解力很强，许多物质都能溶于水，并解离为离子状态，发挥着重要的作用。不溶于水的蛋白质和脂肪可悬浮在水中形成胶体或乳液，便于消化、吸收和利用；水在人体内直接参加氧化还原反应，促进各种生理活动和生化反应的进行；没有水就无法维持血液循环、呼吸、消化、吸收、分泌、排泄等生理活动，体内的新陈代谢也无法进行；水的比热大，可以调节体温，保持恒定。当外界温度高或体内产热多时，水的蒸发及出汗可帮助散热。天气冷时，由于水储备热量的潜力很大，人体不致因外界寒冷而使体温降低，水的流动性大。一方面可以运送氧气、营养物质、激素等，另一方面又可通过大便、小便、出汗把代谢产物及有毒物质排泄掉。水还是体内自备的润滑剂，如皮肤的滋润及眼泪、唾液，关节囊和浆膜腔液都是相应器官的润滑剂。

成人体液是由水、电解质、低分子有机化合物和蛋白质等组成的，广泛地分布在组织细胞内外，构成人体的内环境。其中细胞内液约占体重的40%，细胞外液占20%（其中血浆占5%、组织间液占15%）。水是机体物质代谢必不可少的物质，细胞必须从组织间液摄取营养，而营养物质溶于水才能被充分吸收，物质代谢的中间产物和最终产物也必须通过组织间液运送和排除。

在地球上，人类可直接或间接利用的水，是自然资源的一个重要组成部分。天然水资源包括河川径流、地下水、积雪和冰川、湖泊水、沼泽水、海水。按水质划分为淡水和咸水。随着科学技术的发展，被人类所利用的水逐渐增多，如海水淡化、人工催化降水、南极大陆冰的利用等。由于气候条件的变化，各种水资源的时空分布不均，天然水资源量不等于可利用水量，往往采用修筑水库和地下水库来调蓄水源，或采用回收和处理的办法利用工业和生活污水，扩大水资源的利用。与其他自然资源不同，水资源是可再生的资源，可以重复多次使用；并出现年内和年际量的变化，具有一定的周期和规律；储存形式和运动过程受自然地理因素和人类活动的影响。

### （二）特征

1. 周期性

（1）必然性和偶然性

水资源的基本规律是指水资源（包括大气水、地表水和地下水）在某一时段内的状况，它的形成都具有客观原因，都是一定条件下的必然现象。但是，从人们的认识能力来讲，和许多自然现象一样，由于影响因素复杂，人们对水文与水资源发生多种变化的前因后果的认识并非十分清楚。故常把这些变化中能够做出解释或预测的部分称之为必然性。例如，河流每年的洪水期和枯水期，年际间的丰水年和枯水年；地下水位的变化也具有类似的现象。由于这种必然性在时间上具有年、月甚至日的变化，故又称之为周期性，相应地分别称之为多年期间月的或季节性周期等。而将那些还不能做出解释或难以预测的部分，称之为水文现象或水资源的偶然性的反映。任一河流不同年份的流量过程不会完全一致；地下水位在不同年份的变化也不尽相同，泉水流量的变化有一定差异。这种反应也可称之为随机性，其规律要由大量的统计资料或长系列观测数据分析。

（2）相似性

相似性主要是指气候及地理条件相似的流域，其水文与水资源现象则具有一定的相似性，湿润地区河流径流的年内分布较均匀，干旱地区则差异较大；表现在水资源形成、分布特征也具有这种规律。

（3）特殊性

特殊性是指不同下垫面条件产生不同的水文和水资源的变化规律，如同一气候区，山区河流与平原河流的洪水变化特点不同；同为半干旱条件下河谷阶地和黄土原区地下水赋存规律不同。

（4）循环性、有限性及分布的不均一性

水是自然界的重要组成物质，是环境中最活跃的要素。它不停地运动且积极参与自然环境中一系列物理的、化学的和生物的过程。水资源与其他固体资源的本质区别在于其具有流动性，它是在水循环中形成的一种动态资源，具有循环性。水循环系统是一个庞大的自然水资源系统，水资源在开采利用后，能够得到大气降水的补给，处在不断地开采、补给和消耗、恢复的循环之中，可以不断地供给人类利用和满足生态平衡的需要。在不断的消耗和补充过程中，在某种意义上水资源具有“取之不尽”的特点，恢复性强，可实际上全球淡水资源的蓄存量是十分有限的。全球的淡水资源仅占全球总水量的2.5%，且淡水资源的大部分储存在极地冰帽和冰川中，真正能够被人类直接利用的淡水资源仅占全球总水量的0.796%。从水量动态平衡的观点来看，某一期间的水量消耗量接近于该期间的水量补给量，否则将会破坏水平衡，造成一系列的不良环境问题。可见，水循环过程是无限的，水资源的蓄存量是有限的，并非用之不尽、取之不竭。

水资源在自然界中具有一定的时间和空间分布。时空分布的不均匀是水资源的又一特性。全球水资源的分布表现为大洋洲的径流模数为51.0L/（s.km），亚洲为10.5L/（s.km），最高的和最低的相差数倍。我国水资源在区城上分布不均匀。总地来说，东南多，西北少；沿海多，内陆少；山区多，平原少。在同一地区中，不同时间分布差异性很大，一般夏多冬少。

2. 利用的多样性

水资源是被人类在生产和生活活动中广泛利用的资源，不仅广泛应用于农业、工业和生活，还用于发电、水运、水产、旅游和环境改造等。在各种不同用途中，有的是消耗用水，有的则是非消耗性或消耗很小的用水，而且对水质的要求各不相同。这是使水资源一水多用、充分发展其综合效益的有利条件。此外，水资源与其他矿产资源相比，另一个最大区别是：水资源具有既可造福于人类，又可危害人类生存的两重性。

水资源质量适宜，且时空分布均匀，将为区域经济发展、自然环境的良性循环和人类社会进步做出巨大贡献。水资源开发利用不当，就会制约国民经济发展，破坏人类的生存环境。如水利工程设计不当、管理不善，可造成垮坝事故，也可引起土壤次生盐碱化。水量过多或过少的季节和地区，往往又产生各种各样的自然灾害。水量过多容易造成洪水泛滥，内涝渍水；水量过少容易形成干旱、盐渍化等自然灾害。适量开采地下水，可为国民经济各部门和居民生活提供水源，满足生产、生活的需求。无节制、不合理地抽取地下水，往往引起水位持续下降、水质恶化、水量减少、地面沉降，不仅影响生产发展，而且严重威胁人类生存。正是由于水资源利害的双重性质，在水资源的开发利用过程中尤其强调合理利用、有序开发，以达到兴利除害的目的。

3. 有限资源

海水是咸水，不能直接饮用，所以通常所说的水资源主要是指陆地上的淡水资源，如河流水、淡水、湖泊水、地下水和冰川等。陆地上的淡水资源只占地球上水体总量的2.53%

左右，其中近70%是固体冰川，即分布在两极地区和中、低纬度地区的高山冰川，还很难加以利用。人类比较容易利用的淡水资源，主要是河流水、淡水湖泊水，以及浅层地下水，储量约占全球淡水总储量的0.3%，只占全球总储水量的十万分之七。据研究，从水循环的观点来看，全世界真正有效利用的淡水资源每年约有90000立方千米。地球上水的体积大约有13.6千万立方公里。海洋占了13.2千万立方公里（约97.2%），冰川和冰盖占了2000000立方公里（约1.8%），地下水占了1000000立方公里（约0.9%），湖泊、内陆海和河里的淡水占了250000立方公里（约0.02%），大气中的水蒸气在任何已知的时候都占了13000立方公里（约0.001%）。也就是说，真正可以被利用的水源不到0.1%。

根据世界气象组织和联合国教科文组织的*INTERNATIONAL GLOSSARY OFHYDROLOGY*（国际水文学名词术语，第三版，2012年）中有关水资源的定义，水资源是指可资利用或有可能被利用的水源，这个水源应具有足够的数量和合适的质量，并满足某一地方在一段时间内具体利用的需求。

根据全国科学技术名词审定委员会公布的水利科技名词中有关水资源的定义，水资源是指地球上具有一定数量和可用质量能从自然界获得补充并可资利用的水。

## 二、淡水来源与水资源的开发利用

### （一）淡水来源

1. 地表水

地表水是指河流、湖或是淡水湿地。地表水由经年累月自然降水和下雪累积而成，并且自然地流失到海洋或者是经由蒸发消逝，以及渗流至地下。

虽然任何地表水系统的自然水来源仅来自该集水区的降水，但仍有其他许多因素影响此系统中的总水量多寡。这些因素包括湖泊、湿地、水库的蓄水量、土壤的渗流性、此集水区中地表径流之特性。人类活动对这些特性有着重大的影响。人类为了增加存水量而兴建水库，为了减少存水量而放光湿地的水分。人类的开垦活动以及兴建沟渠则增加径流的水量与强度。

当下可供使用的水量是必须考量的。部分人的用水需求是暂时性的，如许多农场在春季时需要大量的水，在冬季则丝毫不需要。为了提供水于这类农场，表层的水系统需要大量的存水量来搜集一整年的水，并在短时间内释放。另一部分的用水需求则是经常性的，像是发电厂的冷却用水。为了提供水与发电厂，表层的水系统需要一定的容量来储存水，当发电厂的水量不足时补足即可。

2. 地下水

地下水，是贮存于包气带以下地层空隙，包括岩石孔隙、裂缝和溶洞之中的水。水在地下分为许多层段便是所谓的含水层。

3. 海水淡化

海水淡化是一个将海水转化为淡水的过程。最常见的方式是蒸馏法与逆渗透法。就当今来说，海水淡化的成本较其他方式高，而且提供的淡水量仅能满足极少数人的需求。此法唯有对沙漠地区的高经济用途用水有其经济价值存在。

不过，随着技术的跟进，海水淡化的成本越来越低，其中太阳能海水淡化技术日益受到人们的关注。

早已有几个计划提出要利用冰山作为一个淡水的来源，但迄今为止仅止于新颖性用途，尚未能顺利进行，而冰川径流被视为是地表水。

## （二）水资源的开发利用

水资源的开发利用，是改造自然、利用自然的一个方面，其目的是发展社会经济。最初开发利用目标比较单一，以需定供。随着工农业不断发展，逐渐变为多目的、综合、以供定用、有计划有控制地开发利用。当前各国都强调在开发利用水资源时，必须考虑经济效益、社会效益和环境效益三方面。

水资源开发利用的内容很广，诸如农业灌溉、工业用水、生活用水、水能、航运、港口运输、淡水养殖、城市建设、旅游等。防洪、防涝等属于水资源开发利用的另一方面的内容。在水资源开发利用中，在以下一些问题上，还持有不同的意见。例如，大流域调水是否会导致严重的生态失调，带来较大的不良后果？森林对水资源的作用到底有多大？大量利用南极冰，会不会导致世界未来气候发生重大变化？此外，全球气候变化和冰川进退对未来水资源的影响，人工降雨和海水淡化利用等，都是今后有待探索的一系列问题。它们对未来人类合理开发利用水资源具有深远的意义。

## （三）现状

1. 世界水资源

地球表面的 72% 被水覆盖，但淡水资源仅占所有水资源的 0.5%，近 70% 的淡水固定在南极和格陵兰的冰层中，其余多为土壤水分或深层地下水，不能被人类利用。地球上只有不到 1% 的淡水或约 0.007% 的水可为人类直接利用，而中国人均淡水资源只占世界人均淡水资源的 1/4。

地球的储水量是很丰富的，共有 14.5 亿立方千米之多。地球上的水，尽管数量巨大，而能直接被人们生产和生活利用的，却少得可怜。首先，海水又咸又苦，不能饮用，不能浇地，也难以用于工业。其次，地球的淡水资源仅占其总水量的 2.5%，而在这极少的淡水资源中，又有 70% 以上被冻结在南极和北极的冰盖中，加上难以利用的高山冰川和永冻积雪，有 87% 的淡水资源难以利用。人类真正能够利用的淡水资源是江河湖泊和地下水中的一部分，约占地球总水量的 0.26%。全球淡水资源不仅短缺而且地区分布极不平衡。按地区分布，巴西、俄罗斯、加拿大、中国、美国、印度尼西亚、印度、哥伦比亚和刚果等 9 个国家的淡水资源占了世界淡水资源的 60%。

随着世界经济的发展，人口不断增长，城市日渐增多和扩张，各地用水量不断增多。据联合国估计，1900 年，全球用水量只有 4000 亿 $m^3$/ 年，1980 年为 30000 亿 $m^3$/ 年，1985 年为 39000 亿 $m^3$/ 年。到 2000 年，需水量增加到 6000 亿 $m^3$/ 年。其中以亚洲用水量最多，达 32000 亿 $m^3$/ 年。其次为北美洲、欧洲、南美洲等，约占世界人口总数 40% 的 80 个国家和地区约 15 亿人口淡水不足，其中 26 个国家约 3 亿人极度缺水。更可怕的是，预计到 2025 年，世界上将会有 30 亿人面临缺水，40 个国家和地区淡水严重不足。

2. 中国水资源

中国水资源总量 2.8 万亿 $m^3$，居世界第五位。我国 2014 年用水总量 6094.9 亿 $m^3$，仅次于印度，位居世界第二位。由于人口众多，人均水资源占有量仅 2100$m^3$ 左右，仅为世界人均水平的 28%。另外，中国属于季风气候，水资源时空分布不均匀，南北自然环境差异大，其中北方 9 省区，人均水资源不到 500$m^3$，实属水少地区；特别是城市人口剧增，生态环境恶化，工农业用水技术落后，浪费严重，水源污染，更使原本贫乏的水“雪上加霜”，而成为国家经济建设发展的瓶颈。全国 600 多座城市中，已有 400 多个城市存在供水不足问题，其中比较严重的缺水城市达 110 个，全国城市供水总量为 60 亿 $m^3$。

据监测，当前全国多数城市地下水受到一定程度的点状和面状污染，且有逐年加重的趋势。日趋严重的水污染不仅降低了水体的使用功能，进一步加剧了水资源短缺的矛盾，对我国正在实施的可持续发展战略带来了严重影响，还严重威胁着城市居民的饮水安全和人民群众的健康。

水利部预测，2030 年中国人口将达到 16 亿，届时人均水资源量仅有 1750$m^3$。在充分考虑节水的情况下，预计用水总量为 7000 亿至 8000 亿 $m^3$，要求供水能力比当前增长 1300 亿 ~2300 亿 $m^3$，全国实际可利用水资源量接近合理利用水量上限，水资源开发难度极大。

中国水资源总量少于巴西、俄罗斯、加拿大、美国和印度尼西亚，居世界第六位。若按人均水资源占有量这一指标来衡量，则排名在第一百一十名之后。缺水状况在中国普遍存在，而且有不断加剧的趋势。全国约有 670 个城市，一半以上存在着不同程度的缺水现象，其中严重缺水的有 110 多个。

中国水资源总量虽然较多，但人均量并不丰富。水资源的特点是地区分布不均，水土资源组合不平衡；年内分配集中，年际变化大；连丰连枯年份比较突出；河流的泥沙淤积严重。这些特点造成了中国容易发生水旱灾害，水的供需产生矛盾，这也决定了中国对水资源的开发利用、江河整治的任务十分艰巨。

## 三、水资源现状解决途径

### （一）我国水资源现状和解决途径

1. 我国水资源现状

中国经济发展向来是走先污染，再治理的老路子，经济飞速发展的十年，水资源紧缺和水污染问题已经到了迫在眉睫的关头。我国水资源面临先天不足和后天污染的双重困境。

（1）水资源总体偏少

在全球范围内，我们属于轻度缺水国家。中国用全球 7% 的水资源养活了占全球 21% 的人口。专家估计中国缺水的高峰将在 2030 年出现，因为那时人口将达到 16 亿，人均水资源的占有量将为 1760$m^3$，中国将进入联合国有关组织确定的中度缺水型国家行列。

（2）水资源空间分布十分不均匀

华北地区人口占全国的 1/3，而水资源只占全国的 6%。我国的西南地区，人口占全国的 1/5，但是水资源占有量却在 46%。所以，水资源差距最大的年份，水资源占有量最多的省份西藏与天津相比，人均水资源占有量直接的差距是 1 万倍。

（3）资源性缺水及水污染严重

我国每年没有处理的水的排放量是 2000 亿吨，这些污水造成了 90% 流经城市的河道受到污染，75% 的湖泊富营养化，并且日益严重。所以在南方地区，资源不缺水，但是水质性缺水。

（4）地下水过度取用

北京地下水位从新中国成立初期的 5 米变成当前的 50 米，地下水位每年下降将近 1 米，因此造成了地面的沉降。从国际上来说，安全取用地下水，应该是安全取用地下水的补给量的一部分，但我们不仅吃光了利息，还在吃老本。

（5）水生态环境破坏严重

最后一个问题是水浪费严重，我们每 1 万元的 GDP 用水是世界平均水平的 5 倍。讨论中国的水市场，就要从这五个方面来讨论，这个市场是非常大的。光是污水处理的市场，预计就要超过 5000 亿元人民币。如果包括以上五项，总数不会少于 2 万亿元人民币。

2. 我国的水资源治理途径

在全国范围内，无论是政府还是民间慈善机构，抑或是企业家都在努力解决日益逼近的饮水问题，也通过不同的途径开始了艰巨的饮水治理之路。

（1）民间组织

2000 年全国妇联等组织承办了“情系西部。共享母爱”世纪爱心行动大型公益活动，募捐善款 1.16 亿元，用于设立“大地之爱，母亲水窖”项目专项基金，“母亲水窖”项目被载入国务院《中国农村扶贫开发白皮书》，这是第一次全国较大范围的解决饮水问题。

（2）政府部门

来自另外一个方向的力量就是政府部门，广州早在2005年就进行过水污染普查，国内于2008年推出完整的《中华人民共和国水污染防治法》，开始进行全国性的水污染整治，对水污染严重的长江、黄河、珠江流域进行大力整治。当前各大流域污染已经得到控制改善，由于治理水污染周期较长，牵涉面大，至少需要10年以上才能取得显著效果。

（3）净水器

与此同时，20世纪80年代末开始出现的净水器开始崭露头角，一些社会人士希望通过净水技术的普及，推广一种廉价而方便的净水解决方案——净水器。

当前，政府和企业所采取的方式卓有成效，而社会民间力量效果次之。政府推动大范围污染治理，净水器企业推动家庭饮水治理。两者由面到点，顾全大局又兼顾个体。实际上随着健康意识的提高，民间力量经过引导可以发挥重要的纽带作用。中国的饮水困境有赖点线面三个方向综合推进，只有这样，困扰中国几十年的饮水之患才能迅速得到解决。

（4）在搞好“南水北调”工程的同时，加快“大西线”跨地区调水工程的规划与实施

目前我国正在建设“南水北调”工程，笔者认为南水北调工程完工后，也只能解决京、津、几个省市的缺水问题，若到了冬天枯水季节，长江可能无水可调（这一观点是否正确，待水利专家复议）。因此，从战略高度出发，要彻底解决我国华北和大西北地区的缺水，应加快“大西线”跨地区的调水工程的规划与实施，按前人研究“溯天运河构思”，我国西藏地区处于印度洋太平洋交汇处，是一座天然大水库，年水量5800亿$m^3$，大部分流入国外，西藏海拔高于缺水的西北、华东、华北、中原以及新疆三大盆地，可从雅鲁藏布江筑坝，把水位提高到海拔3588m，能将2006亿$m^3$水引入黄河，再利用黄河水道引入西北、华北缺水区，经青海湖调蓄，把水输入新疆盆地和河西走廊及晋、冀、辽、蒙草原，大西线调水工程如能实现，我国西北、华北平原缺水问题就会得到彻底解决，这一雄伟调水工程是科学的，望国家及早规划实施。

## （二）水资源的供需矛盾

中国地表水年均径流总量约为2.7万亿$m^3$，相当于全球陆地径流总量的5.5%，占世界第5位，低于巴西、苏联、加拿大和美国。中国还有年平均融水量近500亿$m^3$的冰川，约8000亿$m^3$的地下水及近500万立方千米的近海海水。当前中国可供利用的水量年约1.1万亿$m^3$，而1980年中国实际用水总量已达5075亿$m^3$，占可利用水资源的46%。

新中国成立以来，在水资源的开发利用、江河整治及防治水害方面都做了大量工作，取得了较大的成绩。

在城市供水上，当前全国已有300多个城市建起了供水系统，自来水日供水能力为4000万吨，年供水量100多亿$m^3$；城市工矿企业、事业单位自备水源的日供水能力总计为6000多万吨，年供水量170亿$m^3$；在7400多个建制镇中有28%建立了供水设备，日供水能力约800万吨，年供水量29亿$m^3$。

农田灌溉方面，全国现有农田灌溉面积近8.77亿亩，林地果园和牧草灌溉面积约0.3亿亩有灌溉设施的农田占全国耕地面积的48%，但它生产的粮食却占全国粮食总产量的75%。

防洪方面，现有堤防20多万千米，保护着耕地5亿亩和大、中城市100多个。现有大中小型水库8万多座，总库容4400多亿$m^3$，控制流域面积约150万平方千米。水力发电，中国水电装机近3000万千瓦，在电力总装机中的比重约为29%，在发电量中的比重约为20%。

然而，随着工业和城市的迅速发展，需水不断增加，出现了供水紧张的局面。据1984年196个缺水城市的统计，日缺水量合计达1400万$m^3$，水资源的保证程度已成为某些地区经济开发的主要制约因素。

水资源的供需矛盾，既受水资源数量、质量、分布规律及其开发条件等自然因素的影响，同时也受各部门对水资源需求的社会经济因素的制约。

中国水资源总量不算少，而人均占有水资源量却很贫乏，只有世界人均值的1/4(中国人均占有地表水资源约2700$m^3$，居世界第88位)。按人均占有水资源量比较，加拿大为中国的48倍、巴西为中国的16倍、印度尼西亚为中国的9倍、苏联为中国的7倍、美国为中国的5倍，而且也低于日本、墨西哥、法国、前南斯拉夫、澳大利亚等国家。

中国水资源南多北少，地区分布差异很大。黄河流域的年径流量只占全国年径流总量的约2%，为长江水量的6%左右。在全国年径流总量中，淮河、海河、滦河及辽河三流域只分别约占2%、1%及0.6%。黄河、淮河、海滦河、辽河四流域的人均水量分别仅为中国人均值的26%、15%、11.5%、21%。

随着人口的增长，工农业生产的不断发展，造成了水资源供需矛盾的日益加剧。从21世纪初以来，到20世纪70年代中期，全世界农业用水量增长了7倍，工业用水量增长了21倍。中国用水量增长也很快，至70年代末期全国总用水量为4700亿$m^3$，为新中国成立初期的4.7倍。其中城市生活用水量增长8倍，而工业用水量(包括火电)增长22倍。

北京市70年代末期城市用水和工业用水量，均为新中国成立初期的40多倍，河北、河南、山东、安徽等省的城市用水量，到70年代末期都比新中国成立初期增长几十倍，有的甚至超过100倍，因而水资源的供需矛盾就异常突出。

由于水资源供需矛盾日益尖锐，产生了许多不利的影响。首先是对工农业生产影响很大，如1981年，大连市由于缺水而造成损失工业产值6亿元。在中国15亿亩耕地中，尚有8.3亿亩没有灌溉设施的干旱地，另有14亿亩的缺水草场。全国每年有3亿亩农田受旱。西北农牧区尚有4000万人口和3000万头牲畜饮水困难。其次对群众生活和工作造成不便，有些城市对楼房供水不足或经常断水，有的缺水城市不得不采取定时、限量供水，造成人民生活困难。最后，超量开采地下水，引起地下水位持续下降，水资源枯竭，在27座主要城市中有24座城市出现了地下水降落漏斗。

## （三）水利与洪涝

由于所处地理位置和气候的影响，中国是一个水旱灾害频繁发生的国家，尤其是洪涝灾害长期困扰着经济的发展。据统计，从公元前206年至1949年的2155年间，共发生较大洪水1062次，平均两年即有一次。黄河在两千多年中，平均3年两决口，百年一改道，仅1887年的一场大水死亡93万人，全国在1931年的大洪水中丧生370万人。新中国成立以后，洪涝灾害仍不断发生，造成了很大损失。因此，兴修水利、整治江河、防治水害实为国家的一项治国安邦的大计，也是一项十分重要的战略任务。

中国40多年来，共整修江河堤防20余万千米，保护了5亿亩耕地。建成各类水库8万多座，配套机电井263万眼，拥有6600多万千瓦的排灌机械。机电排灌面积4.6亿亩，除涝面积约2.9亿亩，改良盐碱地面积0.72亿亩，治理水土流失面积51万平方千米。这些水利工程建设，不仅每年为农业、工业和城市生活提供了5000亿$m^3$的用水，解决了山区、牧区1.23亿人口和7300万头牲畜的饮水困难，而且在防御洪涝灾害上发挥了巨大的效益。

随着人口的急剧增加和对水土资源不合理的利用，导致水环境的恶化，加剧了洪涝灾害的发生。特别是1991年入夏以来，在中国的江淮、太湖地区，以及长江流域的其他地区连降大雨或暴雨，部分地区出现了近百年来罕见的洪涝灾害。截至8月1日，受害人口达到2.2亿人，伤亡5万余人，倒塌房屋291万间，损坏605万间，农作物受灾面积约3.15亿亩，成灾面积1.95亿亩，直接经济损失高达685亿元。在这次大面积的严重洪灾面前，应该进一步提高对中国面临洪涝灾害严重威胁的认识，总结经验教训，寻找防治对策。除了自然因素外，造成洪涝灾害的主要原因有以下几点。

1. 不合理地利用自然资源

尤其是滥伐森林，破坏水土平衡，生态环境恶化。如前所述，中国水土流失严重，新中国成立以来虽已治理51万平方千米，但当前水土流失面积已达160万平方千米，每年流失泥沙50亿吨，河流带走的泥沙约35亿吨，其中淤积在河道、水库、湖泊中的泥沙达12亿吨。湖泊不合理的围垦，面积日益缩小，使其调洪能力下降。

2. 水利工程防洪标准偏低

中国大江大河的防洪标准普遍偏低，当前除黄河下游可预防60年一遇的洪水外，其余长江、淮河等6条江河只能预防10 ~ 20年一遇的洪水标准。许多大中城市防洪排涝设施差，经常处于一般洪水的威胁之下。此外，各条江河中下游的广大农村地区排涝标准更低，随着农村经济的发展，远不能满足当前防洪排涝的要求。

3. 人口增长和经济发展使受灾程度加深

一方面抵御洪涝灾害的能力受到削弱，另一方面由于社会经济发展使受灾程度大幅度增加。新中国成立以后人口增加了1倍多，尤其是东部地区人口密集，长江三角洲的人口密度为全国平均密度的10倍。全国1949年工农业总产值仅466亿元，至1988年已达24089亿元，增加了51倍。乡镇企业得到迅猛发展，东部、中部地区乡镇企业的产值占全国乡镇企业的总产值的98%，因经济不断发展，在相同频率洪水情况下所造成的各种损失却成倍增加。例如1991年太湖流域地区5—7月降雨量为600~900毫米，不及50年一遇，并没有超过1954年大水，但所造成的灾害和经济损失都比1954年严重得多。

### （四）水体污染危害

1. 水体富营养化。水体富营养化是一种有机污染类型，由于过多的氮、磷等营养物质进入天然水体而恶化水质。施入农田的化肥，一般情况下约有一半氮肥未被利用，流入地下水或池塘湖泊，大量生活污水也常使水体过肥。过多的营养物质促使水域中的浮游植物，如蓝藻、硅藻以及水草的大量繁殖，有时整个水面被藻类覆盖而形成“水花”，藻类死亡后沉积于水底，微生物分解消耗大量溶解氧，导致鱼类因缺氧而大批死亡。水体富营养化会加速湖泊的衰退，使之向沼泽化发展。

海洋近岸海区，发生富营养化现象，使腰鞭毛藻类（如裸沟藻和夜光虫等）等大量繁殖、密集在一起，使海水呈粉红色或红褐色，称为赤潮，对渔业危害极大。渤海北部和南海已多次发生。

2. 有毒物质的污染。有毒物质包括两大类：一类是指汞、镉、铝、铜、铅、锌等重金属；另一类则是有机氯、有机磷、多氯联苯、芳香族氨基化合物等化工产品。许多酶依赖蛋白质和金属离子的络合作用才能发挥作用，因而要求某些微量元素（例如锰、硼、锌、铜、钼、钴等），然而，不符合需要的金属，如汞和铅，甚至必不可少的微量元素的量过多，如锌和铜等，都能破坏这种蛋白质和金属离子的平衡，因而削弱或者终止某些蛋白质的活性。例如汞和铅与中枢神经系统的某些酶类结合的趋势十分强烈，因而容易引起神经错乱，如疯病、精神呆滞、昏迷以至死亡。此外，汞和一种与遗传物质DNA一起发生作用的蛋白质形成专一性的结合，这就是汞中毒常引起严重的先天性缺陷的原因。

这些重金属与蛋白质结合不但可导致中毒，而且能引起生物累积。重金属原子结合到蛋白质上后，就不能被排泄掉，并逐渐从低剂量累积到较高浓度，从而造成危害。典型例子就是曾经提到过的日本的水俣病。经过调查发现，金属形式的汞并不很毒，大多数汞能通过消化道而不被吸收。然而水体沉积物中的细菌吸收了汞，使汞发生化学反应，反应中汞和甲基团结合产生了甲基汞的有机化合物，它和汞本身不同，甲基汞的吸收率几乎等于100%，其毒性几乎比金属汞大100倍，而且不易排泄掉。

有机氯（或称氯化烃）是一种有机化合物，其中一个或几个氢原子被氯原子取代，这种化合物广泛用于塑料、电绝缘体、农药、灭火剂、木材防腐剂等产品。有机氯具有两个特别容易产生生物累积的特点，即化学性质极端稳定和脂溶性高，而水溶性低。化学性质稳定说明既不易在环境中分解，也不能被有机体所代谢。脂溶性高说明易被有机体吸收，一旦进入就不能排泄出去，因为排泄要求水溶性，结果就产生了生物累积，形成毒害。典型的有机氯杀虫剂如DDT、六六六等，由于它们会对生物和人体造成严重的危害，已被许多国家所禁用。

3. 热污染。许多工业生产过程中产生的废余热散发到环境中，会把环境温度提高到不理想或生物不适应的程度，称为热污染。例如发电厂燃料释放出的热有2/3在蒸气再凝结过程中散入周围环境，消散废热最常用的方法是由抽水机把江湖中的水抽上来，淋在冷却管上，然后把受热后的水返回天然水体中去。从冷却系统通过的水本身就热得能杀死大多数生物。而实验证明，水体温度的微小变化对生态系统有着深远的影响。

4. 海洋污染随着人口激增和生产的发展，中国海洋环境已经受到不同程度的污染和损害。1980年调查表明，全国每年直接排入近海的工业和生活污水有66.5亿吨，每年随这些污水排入的有毒有害物质为石油、汞、镉、铅、砷、铝、氰化物等。全国沿海各县施用农药量每年约有四分之一流入近海，5万多吨。这些污染物危害很广，长江口、杭州湾的污染日益严重，并开始危及中国最大渔场舟山群岛。

海洋污染使部分海域鱼群死亡、生物种类减少，水产品体内残留毒物增加，渔场外移、许多滩涂养殖场荒废。例如胶州湾，1963—1964年海湾潮间带的海洋生物有171种；1974—1975年降为30种；80年代初只有17种。莱州湾的白浪河口，银鱼最高年产量为30万千克，1963年约有10万千克，如今已基本绝产。

5. 在工业生产过程中，需消耗大量的水。不同的工矿企业对水质均有一定的要求，若使用被污染的水就会造成产品质量下降、损坏设备甚至停工停产；如果对污水进行处理，就需增加水处理费用，从而直接影响产品的成本。

污水灌溉可造成大范围的土壤污染，破坏农业生态系统。酸碱进入水体使水体的pH值发生变化，破坏其自然缓冲作用，消灭或抑制细菌及微生物的生长，阻碍水体自净，还可腐蚀船舶，大大增加水体中的一般无机盐类和水的硬度。水中无机盐的存在能增加水的渗透压，对淡水生物和植物生长有不良影响。

## 第二节　水利工程

水利工程是用于控制和调配自然界的地表水和地下水，达到除害兴利目的而修建的工程，它也称为水工程。水是人类生产和生活必不可少的宝贵资源，但其自然存在的状态并不完全符合人类的需要。只有修建水利工程，才能控制水流，防止洪涝灾害，并进行水量的调节和分配，以满足人民生活和生产对水资源的需要。水利工程需要修建坝、堤、溢洪道、水闸、进水口、渠道、渡漕、筏道、鱼道等不同类型的水工建筑物，以实现其目标。

### 一、水利工程概念

《辞海》中对水利工程的解释为："为除害兴利，开发水利资源的各项工程的总称。"《水利工程概论》中对水利工程解释为："为控制和调配自然界的地表水和地下水、达到除害兴利目的而修建的工程。"

而在其他相关辞典和水利工程专业书籍中，其定义也基本相同。综合以上释义，可以看出，除害兴利是水利工程的根本目的，水利工程是实现水资源综合利用以及水危害防治的重要途径之一。

随着水利事业的发展和研究广度的丰富，许多学者认为广义的水利工程范畴应得以拓展，甚至只要是与水有关的任何工程即为水利工程，但是这里研究的立足点并不具有广义性，只选取水利工程的狭义范畴，强调具有重要的实现水资源综合利用以及水安全治理的除害兴利目的，于社会安全与发展具有重要意义的水利工程，并且着眼于承担水利功能的水工建筑物。

## 二、水利工程的分类与组成

### （一）分类

水利工程按目的或服务对象可分为：防止洪水灾害的防洪工程；防止旱、涝、渍灾为农业生产服务的农田水利工程，或称灌溉和排水工程；将水能转化为电能的水力发电工程；改善和创建航运条件的航道和港口工程；为工业和生活用水服务，并处理和排除污水和雨水的城镇供水和排水工程；防止水土流失和水质污染，维护生态平衡的水土保持工程和环境水利工程；保护和增进渔业生产的渔业水利工程；围海造田，满足工农业生产或交通运输需要的海涂围垦工程等。一项水利工程同时为防洪、灌溉、发电、航运等多种目标服务的，称为综合利用水利工程。

蓄水工程指水库和塘坝（不包括专为引水、提水工程修建的调节水库），按大、中、小型水库和塘坝分别统计。

引水工程指从河道、湖泊等地表水体自流引水的工程（不包括从蓄水、提水工程中引水的工程），按大、中、小型规模分别统计。提水工程指利用扬水泵站从河道、湖泊等地表水体提水的工程（不包括从蓄水、引水工程中提水的工程），按大、中、小型规模分别统计。调水工程指水资源一级区或独立流域之间的跨流域调水工程，蓄、引堤工程中均不包括调水工程的配套工程。地下水源工程指利用地下水的水井工程，按浅层地下水和深层承压水分别统计。

### （二）组成

无论是治理水害或开发水利，都需要通过一定数量的水工建筑物来实现。按照功用，水工建筑物大体分可为三类：挡水建筑物、泄水建筑物以及专门水工建筑物。由若干座水工建筑物组成的集合体称水利枢纽。

1. 挡水建筑物

阻挡或拦束水流、拥高或调节上游水位的建筑物，一般横跨河道者称为坝，沿水流方向在河道两侧修筑者称为堤。坝是形成水库的关键性工程。近代修建的坝，大多数采用当地土石料填筑的土石坝或用混凝土浇筑的重力坝，它依靠坝体自身的重量维持坝的稳定。当河谷狭窄时，可采用平面上呈弧线的拱坝。在缺乏足够筑坝材料时，可采用钢筋混凝土的轻型坝（俗称“支墩坝”），但它抵抗地震作用的能力和耐久性都较差。砌石坝是一种古老的坝，不易机械化施工，主要用于中小型工程。大坝设计中要解决的主要问题是坝体抵抗滑动或倾覆的稳定性、防止坝体自身的破裂和渗漏。土石坝或沙、土地基，防止渗流引起的土颗粒移动破坏（所谓的“管涌”和“流土”）占有更重要的地位。在地震区建坝时，还要注意坝体或地基中浸水饱和的无黏性沙料、在地震时发生强度突然消失而引起滑动的可能性，即所谓的“液化现象”。

2. 泄水建筑物

泄水建筑物是能从水库安全可靠地放泄多余或需要水量的建筑物。历史上曾有不少土石坝，因洪水超过水库容量而漫顶造成溃坝。为保证土石坝的安全，必须在水利枢纽中设河岸溢洪道，一旦水库水位超过规定水位，多余水量将经由溢洪道泄出。混凝土坝具有较强的抗冲刷能力，可利用坝体过水泄洪，称溢流坝。修建泄水建筑物，关键是要解决好消能和防蚀、抗磨问题。泄出的水流一般具有较大的动能和冲刷力，为保证下游安全，常利用水流内部的撞击和摩擦消除能量，如水跃或挑流消能等。当流速大于每秒 10~15 米时，泄水建筑物中行水部分的某些不规则地段可能出现所谓的空蚀破坏，即由高速水流在临近边壁处出现的真空穴所造成的破坏。防止空蚀的主要方法是尽量采用流线型体形，提高压力或降低流速，采用高强材料以及向局部地区通气等。多泥沙河流或当水中夹带有石渣时，还必须解决抵抗磨损的问题。

3. 专门水工建筑物

除上述两类常见的一般性建筑物外，还有专门水工建筑物，即某一专门目的或为完成某一特定任务所设的建筑物。渠道是输水建筑物，多数用于灌溉和引水工程。当遇高山挡路，可盘山绕行或开凿输水隧洞穿过；如与河、沟相交，则需设渡槽或倒虹吸，此外还有同桥梁、涵洞等交叉的建筑物。水力发电站枢纽按其厂房位置和引水方式有河床式、坝后式、引水道式和地下式等。水电站建筑物主要有集中水位落差的引水系统，防止突然停车时产生过大水击压力的调压系统，水电站厂房以及尾水系统等。通过水电站建筑物的流速一般较小，但这些建筑物往往承受着较大的水压力，因此，许多部位要用钢结构。水库建成后大坝阻拦了船只、木筏、竹筏以及鱼类洄游等的原有通路，对航运和养殖的影响较大。为此，应专门修建过船、过筏、过鱼的船闸、筏道和鱼道。这些建筑物具有较强的地方性，修建前做专门研究。

## （三）特点

1. 有很强的系统性和综合性

单项水利工程是同一流域、同一地区内各项水利工程的有机组成部分，这些工程既相辅相成，又相互制约；单项水利工程自身往往是综合性的，各服务目标之间既紧密联系，又相互矛盾。水利工程和国民经济的其他部门也是紧密相关的。规划设计水利工程必须从全局出发，系统、综合地进行分析研究，才能得到最为经济合理的优化方案。

2. 对环境有很大影响

水利工程不仅通过其建设任务对所在地区的经济和社会发生影响，而且对江河、湖泊以及附近地区的自然面貌、生态环境、自然景观，甚至对区域气候，都将产生不同程度的影响。这种影响有利有弊，规划设计时必须对这种影响进行充分估计，努力发挥水利工程的积极作用，消除其消极影响。

3. 工作条件复杂

水利工程中各种水工建筑物都是在难以确切把握的气象、水文、地质等自然条件下进行施工和运行的，它们又多承受水的推力、浮力、渗透力、冲刷力等的作用，工作条件较其他建筑物更为复杂。

4. 水利工程的效益具有随机性，根据每年水文状况的不同其效益也有所不同，农田水利工程还与气象条件的变化有密切联系，影响面广。

5. 水利工程一般规模大、技术复杂、工期较长、投资多，兴建时必须按照基本建设程序和有关标准进行。

## 第三节 水利工程规划建设

### 一、规划

水利工程规划的目的是全面考虑、合理安排地面和地下水资源的控制、开发和使用方式，最大限度地做到安全、经济、高效。水利工程规划要解决的问题有以下几个方面：根据需要和可能确定各种治理和开发目标，按照当地的自然、经济和社会条件选择合理的工程规模，制订安全、经济、运用管理方便的工程布置方案。因此，应首先做好被治理或开发河流流域的水文和水文地质方面的调查研究工作，掌握水资源的分布状况。

工程地质资料是水利工程规划中必须先行研究的又一重要内容，以判别修建工程的可能性和为水工建筑物选择有利的地基条件并研究必要的补强措施。水库是治理河流和开发水资源中普遍应用的工程形式。在深山峡谷或丘陵地带，可利用天然地形构成的盆地储存多余的或暂时不用的水，供需要时引用。因此，水库的作用主要是调节径流分配，提高水位，集中水面落差，以便为防洪、发电、灌溉、供水、养殖和改善下游通航创造条件。为此，在规划阶段，须沿河道选择适当的位置或盆地的喉部，修建挡水的拦河大坝以及向下游宣泄河水的水工建筑物。在多泥沙河流，常因泥沙淤积使水库容积逐年减少，因此还要估计水库寿命或配备专门的冲沙、排沙设施。

现代大型水利工程，很多具有综合开发治理的特点，故常称“综合利用水利枢纽工程”。它往往兼顾了所在流域的防洪、灌溉、发电、通航、河道治理和跨流域的引水或调水，有时甚至还包括养殖、给水或其他开发目标。然而，要制止水患开发水利，除建设大型骨干工程外，还要依靠大量的中小型水利工程，从面上控制水情并保证大型工程得以发挥骨干效用。防止对周围环境的污染，保持生态平衡，也是水利工程规划中必须研究的重要课题。由此可见，水利工程不仅是一门综合性很强的科学技术，还受到社会、经济甚至政治因素的制约。

## 二、水利建设的必要性

### （一）中国的基本水情

由于我国特殊的地理位置及人口分布，与其他国家相比，我国的水情具有特殊性，大致有以下三个特点。

1. 水资源时空分布不均，我国水资源总量 2.84 亿 $m^3$，居世界第六位。从水资源时间分布来看，降水年内和年际变化大，60%~80% 集中在汛期，地表径流年际间干枯变化一般相差 2~6 倍。最大达 10 倍以上。与降水年内均匀分布的国家相比，我国水资源时间年内分布严重不均，导致我国水资源开发利用难度大、任务重。

2. 河流水系复杂，南北差异大。由于我国地势是呈三阶梯分布，地形复杂，水系更加复杂。按河流水系划分可以把我国的重要河流划分为长江、黄河、淮河、海河等几大水系。

3. 我国地处季风区，旱涝灾害频发，雨热同期。经常有短期的或长期的暴雨发生。我国主要的大城市，重要的基础设施和粮食生产区大都分布在江河两岸。随着人口的增加和财富的集聚，对防洪保安的要求也越来越高。

综上所述，人多水少、水资源时空分布不均、水环境恶劣是我国的基本水情，而正是这些特点决定了我国治水任务的艰巨与冗杂。

### （二）中国水利建设的现状

新中国成立以前，我国江河大都处于“自由奔腾”的无控制状态，水资源开发利用水平低下、水利工程残缺不全。新中国成立以后，围绕防洪、供水、灌溉、除害兴利，开展了大规模的水利建设活动。初步形成了大中小结合的水利工程体系，其中修堤建库，抗洪减灾，保障人民的生命财产安全和社会稳定发挥了最大作用。随着国家经济的不断发展，水利建设的目的与作用也更加多元化。后来发展的农业水利工程，解决了广大人民的温饱问题。同期修建的大批输水工程，为城市生活及城市化建设提供了充足的水源。更重要的是，我国已建成的大中小型水电站以及各级水利枢纽提供了大量的水能资源，我国水利水电工程的迅猛发展，使水电成为我国能源消耗的重要组成部分，而且比例还将会进一步增加。60 年来，全国水电装机容量已达 2.49 亿千瓦。水电的大开发不仅提供了重要的能源，而且有助于缓解燃煤引起的空气污染问题，同时也促进了航运、旅游、水产的大发展。

### （三）水利水电工程建设的影响

1. 全国许多大中型水电工程移民迁建工作从一开始就大大滞后于主体工程的建设进度，成为建设截流、下闸蓄水等阶段性目标完成的制约因素，同时造成大量移民过度搬迁的情况。新中国成立以来，我国累计建设了各类水利水电工程 8.6 万余座，移民近 2400 万人次。移民问题的处理上具有被动性、时限性、区域性以及补偿性的特点。一旦处理不当，很有可能引发新的社会问题，从而导致水利工程建设的滞后。

2. 水利水电工程建设是一种对自然的改造，包括对河道、气候、水文、地质、土壤、水体、生物种群在内的各个方面，水利水电工程建设都会产生影响。

（1）当大型水利工程建成后，原先的陆地变成了水体或湿地，而在一般情况下，地区性气候状况主要是受大气环流所控制，这就导致局部地表空气变得较为湿润，对局部小气候会产生影响，其中对降雨量、降雨时间和空间的分布有显著的影响。其次水利建设对水文也有消极的影响，水库的修建改变了下游河道的流量过程，从而对周围的环境造成了影响。水库不仅存蓄汛期洪水，还截流非汛期的基流，引起周围地下水位下降。

（2）建成水库后，水库泥沙冲淤变化会对上下游环境与生态产生影响，从而造成水库周边及河流两岸的土地次生盐碱化。

（3）水坝与水库的建成容易改变地层的受力结构，从而引发地质灾害，如滑坡、泥石流等，甚至一些巨型水坝的建成还会触发地震。

（4）大坝建成会对洄游的鱼类造成的影响是人们极为关注的话题，水库淹没和永久性的工程建筑物对陆地植物和动物都会造成直接破坏。此外，水利设施的建成切断了洄游性鱼类的河游通道，影响了鱼类的生长、繁殖和存活。

（5）坝库的安全性影响，水利建成的安全因素不得不考虑，尤其是堤坝的安全，当遇到地质灾害时，堤坝的牢固程度会直接影响下游人民的生产生活安全。

### （四）我国水利建设的必要性

1. 能源结构调整后。“科学—绿色—低碳”的能源战略对水利水电建设有着巨大的驱动力。水电是一种清洁能源，我国水能资源蕴藏量为 6.89 亿千瓦，可开发量为 4.93 亿千瓦，占世界的 20.25%，年平均总发电量为 2.26 万亿千瓦时，居世界首位。西部可开发量占全国的 82%，但已开发的不足 10%，足以看出我国的水能资源还具有巨大的潜力，尤其是在当前面临的二氧化碳减排任务以及逐步取缔火电这一污染严重的能源形式，水电的开发无疑填补了这一空缺。

2. 多变的气候所造成的旱涝灾害频发有待解决。近年来，我国大部分地区洪涝、干旱灾害频发，给农业生产、人民生活的安全构成了极大的威胁，造成了农村庄稼大量减产，更是造成了人员的伤亡。这充分说明了农田水利建设滞后仍是影响我国农业稳定发展和国家粮食安全的最大硬伤，基础水利设施的不健全也仍是我国城乡建设的主要瓶颈。

尽管水利水电工程建设存在诸多问题，但水利建设的目的正是促进人与自然更加和谐的相处，也是人类对自然友好的利用，但偏激片面地对水利水电工程建设持全盘否定的态度也是万万不可取的，应该正确认识到，当前的水利水电建设不可避免地在一定程度上改变了自然面貌和生态环境，使已经形成的平衡状态受到干扰和破坏。但我国目前所面临的能源问题、灾害防治问题昭示着发展水电的必要性，只要我们把握因势利导、因地制宜的原则，合理规划，周全设计，精心施工。加强与生态学、气候学等学科的合作，努力使水利水电工程更加和谐融入大自然，把水利事业做成国人心中的造福事业。

## 三、水利改革发展的八项重点任务

### （一）加快完善水利基础设施网络

1. 完善江河综合防洪减灾体系，加强江河治理骨干工程建设。

（1）以东北三江治理、进一步治理太湖等为重点，进一步完善大江大河大湖防洪减灾体系，提高抵御洪涝灾害的能力。

（2）加强长江中下游河势控制和崩岸治理、上游干流治理、洞庭湖鄱阳湖综合整治和蓄滞洪区工程建设。

（3）继续实施黄河下游、宁蒙河段和上游河道治理，开工建设黄河古贤、陕西东庄等水利枢纽工程，深入开展黑山峡河段开发工程前期论证。

（4）加快淮河出山店水库、平原洼地排涝治理、行蓄洪区调整与建设等治淮骨干工程建设，推进淮河入海水道二期工程前期工作。

（5）推进海河流域蓄滞洪区建设与调整，加强重要河道治理。

（6）加快西江大藤峡水利枢纽、西江干流河道治理工程建设。

（7）全面完成黑龙江、松花江、嫩江干流防洪治理，整体提高东北地区防洪排涝能力。

（8）加快太湖流域水环境综合治理和防洪重点工程建设。

（9）加快新疆叶尔羌河防洪治理以及阿尔塔什、卡拉贝利等水利枢纽工程建设，推进大石峡水利枢纽等工程前期工作。

2. 优化水资源配置格局

（1）加快重点水源工程建设

加快西藏拉洛、贵州马岭、重庆观景口、湖南莽山、黑龙江奋斗、云南德厚等在建水库的建设步伐，着力提高水资源调蓄能力。新开工建设安徽江巷、四川李家岩、贵州黄家湾、云南阿岗、福建霍口、浙江朱溪等一批重点水源工程。

继续加强西南等工程性缺水地区中型水库工程建设，增强城乡供水保障和应急能力。

（2）实施一批重大引调水工程

加快陕西引汉济渭、甘肃引洮供水二期、贵州夹岩水利枢纽及黔西北供水、鄂北水资源配置等在建工程建设进度。

坚持“三先三后”（先节水后调水、先治污后通水、先环保后用水）原则，深入做好引调水工程的前期论证工作，深化引江济淮、滇中引水、引绰济辽等工程前期工作，推进工程尽快开工建设。

加快南水北调东中线一期受水区配套工程建设，充分发挥工程效益。推进南水北调东中线后续工程建设。根据经济社会发展新形势、新理念、新要求和黄河流域水沙变化等情况，进一步深化南水北调西线工程前期论证。

（3）加快抗旱水源工程建设

以干旱易发区、永久基本农田集中区、粮食主产区等为重点，因地制宜地建设一批蓄引提调抗旱水源工程。

鼓励非常规水源利用。加大雨洪资源、海水、再生水、矿井水、微咸水等开发利用力度，把非常规水源纳入区域水资源统一配置。

## （二）提高城市防洪排涝和供水能力

1. 保障城市排水出路通畅

保护山、水、林、田、湖等自然生态要素的完整性，结合自然生态空间格局，构建和完善城市泄洪排水通道。

2. 加快城市排水防涝和防洪设施建设

结合城市未来发展规模，统筹市政建设、环境整治、生态保护与修复等需要，综合确定城市河道防洪排涝标准，完善城市防洪排涝体系。

通过城市规划引领，推进海绵城市建设，推广海绵型公园和绿地，推进海绵型建筑和相关基础设施建设。

推进城市排水防涝工程建设，完善地下综合管廊及排水管网、泵站等设施，着力解决城市内涝问题。

## （三）进一步夯实农村水利基础

1. 大规模推进农田水利建设

完成434处大型灌区续建配套和节水改造任务，推进中型灌区节水改造，开展大中型灌区现代化改造试点，完善灌排设施体系，提高输配水效率。

加强中小型农田水利设施建设，打通农田水利“最后一千米”。

稳步推进牧区水利建设。

2. 实施农村饮水安全巩固提升工程

在距离城镇供水管网较近的农村，通过扩容改造和管网延伸，改善农村的供水条件。对部分规模较小、设施简陋的单村供水工程进行配套改造，推进联村并网集中供水。对于人口相对分散的区域，进行小型和分散式供水工程标准化建设。

## 第四节　我国水利建设中存在的问题及其对策

### 一、我国水利发展中存在的主要问题

我国水利发展虽然取得了很大成效，但与经济社会可持续发展的要求相比，还存在不小差距，有些问题还十分突出，主要表现在以下六个方面。

#### （一）洪涝灾害频繁仍然是中华民族的心腹大患

洪涝灾害是我国发生最为频繁、灾害损失最重、死亡人数最多的自然灾害之一。据史料记载，公元前206—1949年，2155年间，平均每两年就发生一次较大水灾，一些大洪水造成死亡人数达到几万甚至几十万。新中国成立以来，仅长江、黄河等大江大河发生较大洪水50多次，造成严重经济损失和大量人员伤亡。据统计，近20年来，洪涝灾害导致的直接经济损失高达2.58万亿元，约占同期GDP的1.5%，而美国仅占0.22%。随着全球气候变化和极端天气事件的增多，局地暴雨洪水呈多发、频发、重发趋势，流域性大洪水发生概率也在增大，而我国防洪体系中还有许多薄弱环节，一旦发生大洪水，对经济社会的发展将造成极大冲击。

#### （二）水资源供需矛盾突出仍然是可持续发展的主要瓶颈

我国是一个水资源短缺的国家，特别是随着工业化、城镇化和农业现代化的加快推进，水资源供需矛盾将日益突出。一是水资源需求量大。全国用水总量已近6000亿$m^3$，其中农业用水约占62%。为保证十几亿人的吃饭问题，我国灌溉农业的特点，决定了以农业为主的用水结构将长期存在。根据对今后20年用水需求的预测，在强化节水的前提下，水资源需求仍将在较长的一段时期内持续增长，特别是工业和城镇用水将增长较快。二是水资源供给能力不足。根据全国水资源综合规划成果，现状多年平均缺水量为536亿$m^3$，工程性、资源性、水质性缺水并存，特别是北方地区缺水严重。目前，我国人均用水量约为440$m^3$，仅为发达国家的40%左右，约为世界平均水平的2/3，供水能力明显不足。三是用水方式粗放。我国单方水粮食产量不足1.2公斤，而世界先进水平已达2~2.4公斤；万元工业增加值用水量约116$m^3$，为发达国家的2~3倍；农业灌溉用水有效利用系数只有0.5，远低于0.7~0.8的世界先进水平。我国正处在快速发展期，用水需求呈刚性增长，加之用水效率还不高，水资源对经济社会发展的约束将更加凸显。

#### （三）农田水利建设滞后

农田水利建设滞后仍然是影响农业稳定发展和国家粮食安全的最大硬伤。我国的农业是灌溉农业，粮食生产对农田水利的依存度高。目前，农田水利建设严重滞后。

1. 老化失修严重。现有的灌溉排水设施大多建于 20 世纪 50 年代至 70 年代，由于管护经费短缺，长期缺乏维修养护，工程坏损率高，效益降低，大型灌区的骨干建筑物坏损率近 40%，因水利设施老化损坏年均减少有效灌溉面积约 300 万亩。

2. 配套不全、标准不高。大型灌区田间工程配套率仅约 50%，不少低洼易涝地区排涝标准不足 3 年一遇，灌溉面积中有 1/3 是中低产田，旱涝保收田面积仅占现有耕地面积的 23%。

3. 灌溉规模不足。我国现有耕地中，半数以上仍为没有灌溉设施的“望天田”，还有一些水土资源条件相对较好、适合发展灌溉的地区，由于投入不足，农业生产的潜力没有得到充分发挥。农田水利设施薄弱，导致我国农业生产抗御旱涝灾害的能力较低。近 10 年来，全国年均旱涝受灾面积 5.1 亿亩，约占耕地面积的 28%。加之受全球气候变化的影响，发生更大范围、更长时间持续旱涝灾害的概率加大，农业稳定发展和国家粮食安全面临较大风险。

### （四）水利设施薄弱仍然是国家基础设施的明显短板

国家历来十分重视水利建设，60 多年来，水利基础设施得到了明显改善，但与交通、电力、通信等其他基础设施相比，水利发展相对滞后，是国家基础设施的明显短板。在防洪工程体系方面，仍然存在诸多突出薄弱环节。中小河流防洪标准低，全国近万条中小河流未进行有效治理，目前大多只能防御 3~5 年一遇洪水，有的甚至没有设防，达不到国家规定的 10 ~ 20 年一遇以上的防洪标准。小型水库病险率高，特别是小型水库病险率更高，病险水库数量高达 4.1 万多座。山洪灾害防御能力弱，我国山洪灾害重点防治区面积约 97 万平方千米，涉及人口 1.3 亿人，绝大多数灾害隐患点尚缺乏监测预警设施，也未进行治理。蓄滞洪区建设滞后，全国大江大河 98 处蓄滞洪区内居住着 1600 多万人，许多蓄滞洪区围堤标准低，缺少进退洪工程和避洪安全设施，难以及时有效启用。在水资源配置工程体系方面，我国天然径流与用水过程不匹配的特点，决定了需要建设大量的水库工程来调蓄径流。但目前我国水库调蓄能力不足，且地区间不平衡，人均水库库容仅为世界平均水平的一半，特别是西南地区水资源开发利用率仅 11.2%，工程性缺水问题严重。我国人口、耕地与水资源不匹配的特点，决定了必须通过兴建必要的跨流域、跨区域水资源调配工程，解决资源性缺水地区水资源承载能力不足的问题，但目前全国和区域的水资源配置体系尚不完善，供水安全保障程度不高。许多城市供水水源单一，缺乏应急备用水源，应对特殊干旱或供水突发事件能力弱，存在潜在的供水安全风险。

### （五）水资源缺乏有效保护仍然是国家生态安全的严重威胁

由于一些地方不合理的开发利用，缺乏对水资源的有效保护，导致水生态环境恶化，对国家生态安全造成威胁。

1. 水污染问题突出。据 2009 年全国水资源公报，监测评价的 16.1 万千米河长中，有 6.6 万千米水质劣于三类。

2. 河湖生态状况堪忧。据全国水资源调查评价，经济社会用水挤占河湖生态环境用水量年均达 130 多亿 $m^3$，相当于河湖基本生态环境用水量的 20%~40%，导致河湖水生态严重退化，特别是北方干旱缺水地区尤为突出。河道断流、湖泊萎缩现象比较严重，与 20 世纪 50 年代相比，全国湖泊面积减少了 1.49 万平方千米，约占总面积的 15%。

3. 地下水超采严重。目前，全国已形成地下水超采区 400 多个，总面积近 19 万平方千米，全国地下水年均超采量 215 亿 $m^3$，相当于地下水开采量的 20%。长期地下水超采，导致一些地区发生地面沉降、海水入侵等严重的环境地质问题。

### （六）水利发展体制机制不顺仍然是影响水利可持续发展的重要制约

目前制约水利可持续发展的体制机制障碍仍然不少，突出表现在水利投入机制、水资源管理等方面。

1. 水利投入稳定增长机制尚未建立。我国治水任务繁重，投资需求巨大，由于没有建立稳定增长的投入机制，长期存在较大投资缺口。一方面，水利在公共财政支出中的比重还不高，波动性较大，1998 年以来，中央预算内固定资产投资中，年均水利投资 367 亿元，所占比重在 14%~24% 之间波动。另一方面，水利公益性强，又缺乏金融政策支持，融资能力弱，社会投入较少。此外，农村义务工和劳动积累工政策取消后，群众投工投劳锐减，新的投入机制还没有建立起来，对农田水利建设的影响很大。

2. 水资源管理制度体系还不健全。目前我国的水资源管理制度体系与严峻的水资源形势还不适应，流域、城乡水资源统一管理的体制还不健全，水资源保护和水污染防治协调机制还不顺，水资源管理责任机制和考核制度还未建立，对水资源开发利用节约保护实行有效监管的难度较大。

3. 水利工程良性运行机制仍不完善。2002 年以来，国有大中型水利工程管理体制改革取得明显成效，良性运行机制初步建立，但一些地区特别是中西部地区公益性水利工程管理单位基本支出和维修养护经费还不能足额到位，许多农村集体所有的小型水利工程还存在没有管理人员、缺乏管护经费的问题，制约了水利工程的良性运行，影响了工程效益的充分发挥。

## 二、加快水利发展的对策措施

近年中央一号文件明确提出“把水利作为国家基础设施建设的优先领域，把农田水利作为农村基础设施建设的重点任务，把严格水资源管理作为加快转变经济发展方式的战略举措”，实现水利的跨越式发展。今后一段时间，应按照科学发展的要求，推进传统水利向现代水利、可持续发展水利转变，大力发展民生水利，突出加强重点薄弱环节建设，强化水资源管理，深化水利改革，保障国家防洪安全、供水安全、粮食安全和生态安全，以水资源的可持续利用支撑经济社会可持续发展。

## （一）突出防洪重点薄弱环节建设，保障防洪安全

在继续加强大江大河大湖治理的同时，应加快推进防洪重点薄弱环节建设，不断完善我国防洪减灾体系。

1. 加快推进中小河流治理

我国中小河流治理任务繁重，应根据江河防洪规划，按照轻重缓急，加快治理。流域面积3000平方千米以上的大江大河主要支流、独流入海河流和内陆河流，对流域和区域防洪影响较大，应进行系统治理，提高整体防洪能力。流域面积在200~3000平方千米的中小河流数量众多，系统治理投资巨大，近期应选择洪涝灾害易发、保护区人口密集、保护对象重要的河段进行重点治理，使治理河段达到国家规定的防洪标准。

2. 尽快消除水库的安全隐患

水库大坝安全事关人民群众生命财产安全，必须尽快消除安全隐患。近年来，国家投入大量资金，基本完成了大中型病险水库的除险加固。当前，应重点对面广量大的小型病险水库进行除险加固，力争用五年时间基本完成除险加固任务。同时，应特别重视水库的管护，明确责任，落实管护人员和经费，防止因管理不善、维修养护不到位再次成为病险水库。

3. 提高山洪灾害的防御能力

山洪灾害易发区分布范围广，灾害突发性强、破坏性大。应按照以防为主、防治结合的原则，根据全国山洪灾害防治规划，尽快在山洪灾害易发地区建成监测预警系统和群测群防体系，提高预警预报能力，做到转移避让及时；对山洪灾害重点防治区中灾害发生风险较高、居民集中且有治理条件的山洪沟逐步开展治理，因地制宜地采取各种工程措施消除安全隐患；对于危害程度高、治理难度大的地区，应结合生态移民和新农村建设，实施搬迁避让。

4. 搞好重点蓄滞洪区建设

为确保蓄滞洪区及时、有效运用，应加快使用频繁、洪水风险较高、防洪作用突出的蓄滞洪区建设。近期重点是加快淮河行蓄洪区、长江和海河重要蓄滞洪区建设，通过围堤加固、进退洪工程和避洪安全设施建设，改善蓄滞洪区运用条件；同时，在有条件的地区，积极引导和鼓励居民外迁。逐步建成较为完备的防洪工程体系和生命财产安全保障体系，实现洪水“分得进、蓄得住、退得出”，为蓄滞洪区内群众致富奔小康创造条件。

在加快防洪工程建设的同时，应高度重视防洪非工程措施建设，完善水文监测体系和防汛指挥系统，提高洪水预警预报和指挥调度能力；加强河湖管理，防止侵占河湖、缩小洪水调蓄和宣泄空间，避免人为增加洪水风险；在确保防洪安全的前提下，科学调度，合理利用洪水资源，增加水资源的可利用量，改善水生态环境。

## （二）加强水资源配置工程建设，保障供水安全

当前，应针对我国水资源供需矛盾突出的问题，在强化节水的前提下，通过加强水资

源配置工程建设，提高水资源在时间和空间上的调配能力，保障经济社会发展的用水需求。

1. 尽快形成国家水资源配置格局

2010年10月，国务院批复的《全国水资源综合规划》，进一步确立了我国“四横三纵”的水资源配置总体格局。当前，应抓紧完成南水北调东、中线一期工程建设，争取早日发挥效益；同时，应积极推进南水北调东中线后续工程和西线工程的前期论证工作，深入研究有关重大技术问题，为尽快形成国家水资源配置格局、提高北方地区水资源承载能力奠定基础。

2. 完善重点区域水资源调配体系

根据国家总体发展战略和区域经济发展布局，建设一批支撑重点区域发展的水资源调配工程。对于西南等工程性缺水地区，积极有序地推进水库建设，大中小微、蓄引提调相结合，提高水资源的调配能力。对于资源性缺水地区，要在充分考虑当地水资源条件和大力节水的前提下，合理建设跨流域、跨区域的调水工程，促进区域经济社会发展与水资源承载能力相协调。同时，应强化流域水量统一调度，实现水资源的科学管理、合理配置、高效利用和有效保护。

3. 加快抗旱应急备用水源建设

近年来，我国干旱呈多发、频发趋势，2010年西南地区发生特大旱灾，近年我国北方冬麦区又发生大范围严重干旱，高峰时冬麦区作物受旱面积达到1.1亿亩，328万人因旱饮水困难，对经济社会发展造成了很大影响。面对严重干旱，水利部门加强了水源调度和技术服务与指导等措施，确保了群众饮水安全，扩大了抗旱浇灌面积，最大限度地减轻了灾害损失。为更好地应对干旱，应抓紧制订抗旱规划，统筹常规水源和抗旱水源建设，特别要加快干旱易发区、粮食主产区以及城镇密集区的抗旱应急备用水源建设，做好地下水涵养和储备，提高应对特大干旱、连续干旱和突发性供水安全事件的能力。同时，要加大再生水、海水等非常规水源的利用。

4. 继续推进农村饮水安全工程建设

近年来，国家对农村饮水安全问题高度关注，已累计解决了2.2亿农村居民的饮水安全问题。但我国农村饮水安全工程的覆盖范围不全，加之现有工程许多是分散供水，工程标准低，以及水源条件变化等原因，农村饮水安全问题仍然很突出。2006年，全国人大将解决宁夏中部干旱带农村饮水安全问题列为重点建议，水利部会同国家有关部门制定工作方案，积极落实资金，75.8万农村居民的饮水安全问题可望在明年年底前全部解决。应继续加快农村饮水安全工程建设，有条件的地方应积极推进集中式供水，能与城镇供水管网相连的，实行城乡一体化供水，提高供水保证率，尽快让广大农村居民喝上干净水、放心水。

### （三）大兴农田水利建设，保障粮食安全

我国农田水利建设的重点是稳定现有灌溉面积，对灌排设施进行配套改造，提高工程

标准，建设旱涝保收农田。同时，大力推进农业高效节水，在有条件的地方结合水源工程建设，扩大灌溉面积。

1. 巩固改善现有灌排设施条件

一方面应重点对大中型灌区进行续建配套与节水改造，恢复和改善灌区骨干渠系的输配水能力，提高灌溉保证率和排涝标准；另一方面应加大田间工程建设力度，对灌区末级渠系进行节水改造，完善田间灌排系统，解决灌区最后一千米的问题，逐步扩大旱涝保收高标准农田的面积。

2. 大力推进农业高效节水灌溉

我国农业用水量大、用水粗放，有很大的节水潜力，应把农业节水作为国家战略。农业高效节水灌溉经过10多年的试点，技术已相当成熟，应科学编制规划，加大高效节水技术的综合集成和推广，因地制宜地发展管道输水、喷灌和微灌等先进的高效节水灌溉，优先在水资源短缺地区、生态脆弱地区和粮食主产区集中连片实施，提高用水效率和效益。同时，各级政府应加大农业高效节水的投入，建立一整套促进农业高效节水的产业支持、技术服务、财政补贴等政策措施，推进农业高效节水灌溉良性发展。

3. 科学合理地发展农田灌溉面积

据有关研究成果，我国农田有效灌溉面积发展空间有限。应充分考虑水土资源条件，在国家千亿斤粮食产能规划确定的粮食生产核心区和后备产区，结合水源工程建设，因地制宜地发展灌区，科学合理地扩大灌溉面积。同时在西南等山丘区，结合“五小”水利工程建设，扩大灌溉面积，提高农业供水保证率。

4. 加强牧区水利建设

大力发展畜牧业是保障国家粮食安全的重要补充，建设灌溉草场和高效节水饲草料地是解决过度放牧、保护草原生态的有效措施。据测算，1亩高效节水灌溉饲草料地的产草能力相当于20~50亩天然草原的产草能力。应根据水资源条件，在内蒙古、新疆、青藏高原等牧区发展高效节水灌溉饲草料地，积极推进以灌溉草场建设为主的牧区水利工程建设，提高草场载畜能力，改善农牧民生活生产条件，保护草原生态环境。

## （四）推进水土资源保护，保障生态安全

水土资源保护对维持良好的水生态系统具有十分重要的作用。针对我国经济社会发展进程中出现的水生态环境问题，应重点从水土流失综合防治、生态脆弱河湖治理修复、地下水保护等方面，开展水生态保护和治理修复。

1. 加强水土流失防治

首先要立足于防，对重要的生态保护区、水源涵养区、江河源头和山洪地质灾害易发区，严格控制开发建设活动；在容易发生水土流失的其他区域开办生产建设项目，要全面落实水土保持“三同时”制度。其次是治理和修复，对已经形成严重水土流失的地区，以小流域为单元进行综合治理，重点开展坡耕地、侵蚀沟综合整治，从源头上控制水土流失。

同时，应充分发挥大自然的自我修复能力，在人口密度小、降雨条件适宜、水土流失比较轻微的地区，采取封禁保护等措施，促进大范围生态恢复和改善。

2. 推进生态脆弱河湖修复

目前我国水资源过度开发、生态脆弱的河湖还较多，在治理中应充分借鉴塔里木河、黑河、石羊河等流域治理经验，以水资源承载能力为约束，防止无序开发水资源和盲目扩大灌溉面积，严格控制新增用水；对开发过度的地区，要通过大力发展农业高效节水、调整种植结构、合理压缩灌溉面积等措施，提高用水效率和效益，合理调配水资源，逐步把挤占的生态环境用水退出来；在流域水资源统一调度和管理中，应充分考虑河流生态需求，保障基本生态环境用水。

3. 实施地下水超采区治理

地下水补给周期长、更新缓慢，一旦遭受破坏恢复困难，同时地下水也是重要的战略资源和抗旱应急水源，须特别加强涵养和保护。应尽快建立地下水监测网络，动态掌握地下水状况。划定限采区和禁采区范围，严格控制地下水开采，防止超采区的进一步扩大和出现新的地下水超采区。加大超采区治理力度，特别是对南水北调东中线受水区、地面沉降区、滨海海水入侵区等重点地区，应尽快制订地下水压采计划，通过节约用水和替代水源建设，压减地下水开采量；有条件的地区，应利用雨洪水、再生水等回灌地下水。

4. 高度重视水利工程建设对生态环境的影响

今后一个时期，水利建设规模大、类型多，不仅有重点骨干工程，也有面广量大的中小型工程。水利工程建设与生态环境关系密切，在规划编制、项目论证、工程建设以及运行调度等各个环节，都应高度重视对生态环境的保护。在水库建设中，要加强对工程建设方案的比选和优化，尽量减少水库移民和占用耕地，科学制订调度方案，合理配置河道生态基流，最大限度地降低工程对生态环境的不利影响；在河道治理中，应处理好防洪与生态的关系，尽量保持河流的自然形态，注重加强河湖水系的连通，促进水体流动，维护河流健康。

### （五）实行以水权为基础的最严格的水资源管理制度，保障水资源的可持续利用

在全球气候变化和大规模经济开发双重因素的作用下，我国水资源短缺形势更趋严峻，水生态环境压力日益增大。为有效地解决水资源过度开发、无序开发、用水浪费、水污染严重等突出问题，必须实行严格的水资源管理制度，确立水资源开发利用控制、用水效率控制、水功能区限制纳污“三条红线”，改变不合理的水资源开发利用方式，从供水管理向需水管理转变，建设节水型社会，保障水资源的可持续利用。

1. 建立用水总量控制制度

目前，我国用水总量已近 6000 亿 m$^3$，北方一些地区用水量已经超过了当地水资源承载能力。全国水资源综合规划提出，到 2030 年，我国用水高峰时总量力争控制在 7000 亿

$m^3$以内。这一指标是按照可持续发展的要求，综合考虑了我国的水资源条件和经济社会发展、生态环境保护的用水需求确定的，是我国用水总量控制的红线。当前，应按照国家水权制度建设的要求，制订江河水量分配方案，将用水总量逐级分配到各个行政区，明晰初始水权。同时，也要发挥市场配置资源的作用，探索建立水市场，促进水权的有序流转。

2. 建立用水效率控制制度

首先应分地区、分行业制定一整套科学合理的用水定额指标体系。目前，我国许多地区虽然制定了一些用水定额指标，但指标体系还不完整，有的定额过宽、过松，难以起到促进提高用水效率的作用。用水定额应根据当地的水资源条件和经济社会发展水平，按照节能减排的要求，综合研究确定。其次，应加强用水定额管理。把用水户定额执行情况作为节水考核的重要依据，建立奖惩制度。应实行严格的用水器具市场准入制度，逐步淘汰不满足用水定额要求的生活生产设施和工艺技术。同时，充分发挥价格杠杆作用，实行超定额用水累进加价制度，鼓励用水户通过技术改造等措施节约用水，提高用水效率。

3. 建立水功能区限制纳污制度

我国《水法》明确规定，要“按照水功能区对水质的要求和水体的自然净化能力，核定该水域的纳污能力”。目前，我国一些河湖的入河污染物总量已超出其纳污能力，水污染严重。全国31个省级行政区均已划定了水功能区，初步提出了水域纳污能力和限制排污总量意见。当前要按照《水法》的规定，履行相关审批程序，明确水功能区限制纳污红线，建立一整套水功能区限制纳污的管理制度，严格监督管理。对于现状入河污染物总量已突破水功能区纳污能力的地区，要特别加强水污染治理，下大力气削减污染物排放量，严格限制审批新增取水和入河排污口。

4. 建立水资源管理责任和考核制度

落实最严格的水资源管理制度，关键在于明确责任主体，建立有效的考核评价办法。要把水资源管理责任落实到县级以上地方政府主要负责人，实行严格的问责制。将水资源开发利用、节约保护的主要控制性指标纳入各地经济社会发展综合评价体系，严格考核，并将考核结果作为地方政府相关领导干部综合考核评价的重要依据。应重视完善水量水质监测体系，提高监控能力，做到主要控制指标可监测、可评价、可考核，为实施最严格的水资源管理提供技术支撑。

### （六）建立水利投入稳定增长机制，保障水利的跨越式发展

根据水利建设的目标任务，初步测算，今后10年全国水利建设投资需求约为4万亿元，年均为4000亿元，而2010年全国水利实际投入约2000亿元，与需求相比，投资缺口较大。目前，水利投资来源主要有国家预算内固定资产投资、财政专项资金、水利建设基金以及银行贷款等，以财政专项资金为主。

近年中央一号文件提出，要建立水利投入稳定增长机制，今后10年全社会水利年平均投入比2010年高出1倍。由于水利具有很强的公益性、基础性和战略性，因此，应抓

紧建立以政府公共财政投入为主、社会投入为补充的水利投入稳定增长机制。

1. 稳定和提高水利在国家固定资产投资中的比重

目前，中央预算内固定资产投资中水利的比重约为18%，要满足未来10年江河治理、水资源配置等重大工程建设需要，应进一步提高水利所占比重。

2. 大幅度增加财政专项水利资金规模

近年来，为支持中小型水利工程建设，中央财政专项水利资金规模逐年增加，2010年达到258亿元。为加快农田水利等中小型水利工程建设，中央和省级财政用于水利的专项资金应在2010年基础上，至少翻一番。

3. 进一步充实和完善水利建设基金

国务院已同意将水利建设基金延长至2020年。但目前中央水利建设基金规模不到40亿元，地方水利建设基金征收地区间差异很大，最多的省份已超过70亿元，最少的省份尚不足1000万元。应进一步拓宽征收渠道，扩大征收规模。

4. 落实好从土地出让收益中提取10%用于农田水利建设的政策

据统计，2008年土地出让收入中，东部地区占66.7%、中西部地区仅占33.3%，且主要集中在大中城市，而农田水利建设资金的需求东部占30%、中西部占70%，存在土地出让收益与农田水利建设资金需求不匹配的结构性矛盾。需要研究提出中央和省级统筹使用部分土地出让收益用于农田水利建设的具体办法，重点向粮食主产区、贫困地区和农田水利建设任务重的地区倾斜。同时，应按照中央一号文件精神，细化水利建设金融支持方案，吸引社会资金的政策措施，拓宽水利投融资渠道。此外，针对今后10年水利投入大、项目数量多、分布范围广的特点，应特别加大对水利建设资金的监督管理，确保资金安全和使用效益。

依法治水是加快水利改革发展的重要保障。全国人大十分重视水法治建设，颁布实施了《水法》《防洪法》《水土保持法》《水污染防治法》等4部水法律，国务院也出台了一批水行政法规，构建了我国水法规的基本框架，为依法治水提供了法律依据。但目前节约用水、地下水管理、农田水利、流域综合管理等方面还没有专门的法律法规。建议进一步加强水法规建设，不断完善水法规体系。同时，应继续加快水利工程管理体制改革，建立工程良性运行机制；健全基层水利服务体系，适应日益繁重的农村水利建设和管理的需要；积极推进水价改革，建立反映水资源稀缺程度、兼顾社会可承受能力和社会公平的水价形成机制，对农业水价，探索建立政府与农民共同负担农业供水成本的机制；推动水利科技创新，力求在水利重大学科理论、关键技术等方面取得新的突破，提高我国水利的科技水平。

综上所述，我国人多水少、水资源时空分布不均的基本国情水情，在今后相当长一段时期不会改变，随着经济社会的快速发展和全球气候变化的影响，水安全问题将更加突出。目前水利基础设施建设仍然滞后，不能满足经济社会又好又快发展的需要，是国家基础设施的明显短板。应该把水利发展作为一项重大而紧迫的任务，加大投入、加快建设，深化改革、强化管理，不断增强水旱灾害综合防御能力、水资源合理配置和高效利用能力、水土资源保护和河湖健康保障能力以及水利社会管理和公共服务能力，为经济社会的可持续发展提供有力保障。

# 第二章　水利工程项目的经济分析基础

水利建设项目常常是由多种性质的水工建筑物构成的复杂建筑综合体。同其他工程相比，水利建设项目包含的建筑种类多、涉及面广。本章主要探讨了建筑给水系统的概况、水利工程概算基本知识、工程项目的资金时间价值与现金流量。

## 第一节　基本建设项目与程序

### 一、基本建设项目

#### （一）基本建设的概念

基本建设是形成固定资产的活动，是指国民经济各部门利用国家预算拨款、自筹资金、国内外基本建设贷款以及其他专项资金进行的以扩大生产能力（或增加工程效益）为主要目的的新建、扩建、改建、技术改造、恢复和更新等工作。换言之，基本建设就是固定资产的建设，即建筑、安装和购置固定资产的活动及其与之相关的工作。

基本建设是发展社会生产力、增强国民经济实力的物质技术基础，是改善和提高人民群众生活水平和文化水平的重要手段，是实现社会扩大再生产的必要条件。

固定资产是指在社会再生产过程中可供生产或生活较长时间使用，在使用过程中基本不改变其实物形态的劳动资料和其他物质资料。它是人们生产和生活的必要物质条件。固定资产应同时具备以下两个条件：一是使用年限在一年以上；二是单项价值在规定限额以上。固定资产的社会属性，即从它在生产和使用过程中所处的地位和作用来看，可分为生产性固定资产和非生产性固定资产两大类。前者是指在生产过程中发挥作用的劳动资料，如工厂、矿山、油田、电站、铁路、水库、海港、码头、路桥工程等；后者是指在较长时间内直接为人民的物质文化生活服务的物质资料，如住宅、学校、医院、体育活动中心和其他生活福利设施等。

#### （二）基本建设的内容

基本建设包括的工作内容主要分为以下几个方面。

1. 建筑安装工程

建筑安装工程是基本建设工作的重要组成部分。建筑施工企业通过建筑安装活动生产出建筑产品，形成固定资产。建筑安装工程包括建筑工程和安装工程。建筑工程包括各种建筑物、房屋、设备基础等的建造工作；安装工程包括生产、动力、起重、运输、输配电等需要安装的各种机电设备和金属结构设备的安装、试车等工作。

2. 设备、工（器）具的购置

设备、工（器）具的购置是指建设单位因建设项目的需要向制造行业采购或自制达到固定资产标准的机电设备、金属结构设备、工具、器具等的工作。

3. 其他基建工作

其他基建工作是指凡不属于以上两项的基本建设工作，如规划、勘测、设计、科学试验、征地移民、水库清理、施工队伍转移、生产准备等工作。

### （三）基本建设的分类

1. 按建设的形式可以分为新建项目、扩建和改建项目、迁建项目，以及恢复项目。新建项目是指从无到有、平地起家的建设项目；扩建和改建项目是在原有企业、事业和行政单位的基础上，扩大产品的生产能力或增加新产品的生产能力，以及对原有设备和工程进行全面技术改造的项目；迁建项目是原有企业、事业单位由于各种原因，经有关部门批准搬迁到另地建设的项目；恢复项目是指对由于自然、战争或其他人为灾害等原因而遭到毁坏的固定资产进行重建的项目。

2. 按建设的用途可以分为生产性基本建设项目和非生产性基本建设项目。生产性基本建设项目是指用于物质生产和直接为物质生产服务的建设项目，包括工业建设、建筑业和地质资源勘探事业建设和农林水利建设等；非生产性基本建设项目是指服务于人民物质和文化生活的建设项目，包括住宅、学校、医院、托儿所、影剧院以及国家行政机关和金融保险业的建设等。

3. 按建设规模和总投资的大小可以分为大型建设项目、中型建设项目、小型建设项目。

4. 按建设阶段可以分为预备项目、筹建项目、施工项目、建成投资项目和收尾项目。

5. 按隶属关系可以分为国务院各部门直属项目、地方投资国家补助项目、地方项目和企事业单位自筹建设项目。

### （四）基本建设项目的划分

在工程项目实施过程中，为了准确确定整个建设项目的建设费用，必须对项目进行科学的分析、研究，并进行合理的划分，把建设项目划分为简单且便于计算的基本构成项目，然后汇总求出工程项目造价。

一个建设项目是一个完整配套的综合性产品，根据我国在工程建设领域内的有关规定和习惯做法，按照它的组成内容的不同，可划分为建设项目、单项工程、单位工程、分部工程、分项工程等五个项目层次。

1. 建设项目一般是指具有设计任务书和总体设计、经济上实行统一核算、管理上具有独立组织形式的基本建设单位。

2. 单项工程又称工程项目。单项工程是具有独立的设计文件，建成后能独立发挥生产能力或效益的工程。例如，长江三峡水利枢纽工程中的混凝重力式大坝、泄水闸、堤后式水电站、永久性通航船闸、升船机等单项工程。

3. 单位工程是具有独立设计，可以独立组织施工，但竣工后一般不能独立发挥生产能力和效益的工程。它是单项工程的组成部分，如长江三峡水利枢纽工程中的泄水闸工程可划分为建筑工程和安装工程等单位工程。

4. 分部工程是单位工程的组成部分。分部工程是按单位工程的结构形式、工程部位、构件性质、使用材料、设备种类及型号等的不同来划分的。例如，长江三峡水利枢纽工程中的泄水闸建筑工程可划分为土石方开挖工程、土石方填筑工程、混凝土工程、模板工程等分部工程。

5. 分项工程是分部工程的组成部分。按照不同的施工方法、不同的使用材料、不同的构造及规格，将一个分部工程更细致地分解为若干个分项工程。例如，建筑工程土石方填筑工程可划分为浆砌块石护底、浆砌石护坡等分项工程。

分项工程是组成单位工程的基本要素，它是工程造价的基本计算单位体，在计价性定额中是组成定额的基本单位体，又称定额子目。

把建设项目正确地划分为几个单项工程，并按单项工程到单位工程，单位工程到分部工程，分部工程到分项工程的划分方式逐步细化，再从最小的基本要素分项工程开始进行计量与计价，逐步形成分部工程、单位工程、单项工程的工程造价，最后汇总可得到建设项目的工程造价。

## 二、基本建设程序

### （一）建设项目的基本建设程序

我国的基本建设程序，最初是在 1952 年由政务院颁布实施的。根据我国基本建设的实践，水利水电工程的基本建设程序为：根据资源条件和国民经济长远发展规划，进行流域或河段规划，提出项目建议书；进行可行性研究和项目评估，编制可行性研究报告；可行性研究报告批准后，进行初步设计；初步设计经过审批，项目列入国家基本建设年度计划；进行施工准备和设备订货；开工报告批准后正式施工；建成后进行验收投产；生产运行一定时间后，对建设项目进行后评价。

鉴于水利水电工程建设规模大、施工工期相对较长、施工技术复杂、横向交叉面广、内外协作关系和工序多等特点，水利水电基本建设较其他部门的基本建设有一定的特殊性，工程失事后危害性也比较大。因此，水利水电基本建设程序较其他部门更为严格，否则将会造成严重的后果和巨大的经济损失。

水利水电工程基本建设程序的具体工作内容如下。

1. 流域规划（或河段规划）

流域规划应根据该流域的水资源条件和国家长远计划，以及该地区水利水电工程建设发展的要求，提出该流域水资源的梯级开发和综合利用的最优方案。对该流域的自然地理、经济状况等进行全面、系统的调查研究，初步确定流域内可能的建设位置，分析各个坝址的建设条件，拟订梯级布置方案、工程规模、工程效益等，进行多方案的分析与比较，选定合理的梯级开发方案，并推荐近期开发的工程项目。

2. 项目建议书

项目建议书应根据国民经济和社会发展的长远规划、流域综合规划、区域综合规划、专业规划，按照国家的产业政策和国家有关投资建设方针进行编制，是对拟进行建设项目的初步说明。

项目建议书是在流域规划的基础上，由主管部门提出建设项目的轮廓设想，从宏观上衡量分析项目建设的必要性和可能性，分析建设条件是否具备，是否值得投入资金和人力。

项目建议书的编制一般由政府委托有相应资质的设计单位承担，并按照国家现行规定权限向主管部门申报审批。项目建议书被批准后，由政府向社会公布，若有投资建设意向，则组建项目法人筹备机构，进行可行性研究工作。

3. 可行性研究

可行性研究是项目能否成立的基础，这个阶段的成果是可行性研究报告。它是运用现代技术科学、经济科学和管理工程学等，对项目进行技术经济分析的综合性工作。其任务是研究兴建某个建设项目在技术上是否可行，经济效益是否显著，财务上是否能够盈利；建设中要动用多少人力、物力和资金；建设工期的长短；如何筹备建设资金等重大问题。因此，可行性研究是进行建设项目决策的主要依据。

水利水电工程项目的可行性研究是在流域（河段）规划的基础上，组织各方面的专家、学者对拟建项目的建设条件进行全方位多方面的综合论证比较。例如，三峡工程就涉及许多部门和专业。

可行性研究报告按国家现行规定的审批权限报批。申请项目可行性研究报告必须同时提出项目法人组建方案及运行机制、资金筹措方案、资金结构及回收资金办法，并依照有关规定附具有管辖权的水行政主管部门或流域机构签署的规划同意书、对取水许可预申请的书面审查意见。审批部门要委托有相应资质的工程咨询机构对可行性研究报告进行评估，并综合行业主管部门、投资机构（公司）、项目法人（或筹备机构）等方面的意见进行审批。项目的可行性研究报告批准后，应正式成立项目法人，并按项目法人责任制实行项目管理。

4. 设计阶段

可行性研究报告批准后，项目法人应择优选择有相应资质的设计单位承担工程的勘测设计工作。

对于水利水电工程来说，承担设计任务的单位在进行设计以前，要认真研究可行性研究报告，并进行勘测、调查和试验研究工作；要全面收集建设地区的工农业生产、社会经济、自然条件，包括水文、地质、气象等资料；要对坝址、库区的地形、地质进行勘测、勘探，对岩土地基进行分析试验，对建设地区的建筑材料分布、储量、运输方式、单价等要调查、勘测。设计前不仅要做大量勘测、调查、试验工作，在设计中以及工程施工中还要做相当细致的勘测、调查、试验工作。

设计工作是分阶段进行的。一般采用两阶段设计，即初步设计与施工图设计。对于某些大型工程或技术复杂的工程一般采用三阶段设计，即初步设计、技术设计及施工图设计。

（1）初步设计。初步设计是根据批准的可行性研究报告及必要且准确的设计资料，对设计对象进行通盘研究，阐明拟建工程在技术上的可行性和经济上的合理性，规定项目的各项基本技术参数，编制项目的总概算。初步设计任务应择优选择有相应资质的设计单位承担，依照有关初步设计的编制规定进行编制。

初步设计主要是解决建设项目的技术可行性和经济合理性问题。初步设计具有一定程度的规划性质，是建设项目的“纲要”设计。

初步设计是在可行性研究的基础上进行的，要提出设计报告、初设概算和经济评价三类资料。初步设计的主要任务是确定工程规模；确定工程总体布置、主要建筑物的结构形式及布置；确定电站或泵站的机组机型、装机容量和布置；选定对外交通方案、施工导流方式、施工总进度和施工总布置、主要建筑物施工方法及主要施工设备、资源需用量及其来源；确定水库淹没、工程占地的范围，提出水库淹没处理、移民安置规划和投资概算；提出环境保护措施设计；编制初步设计概算；复核经济评价等。对于灌区工程来说，还要确定灌区的范围、主要干支渠的规划布置、渠道的初步定线、断面设计和土石方量的估算等。

对于大中型水利水电工程中的一些重大问题，如新坝型、泄洪方式、施工导流、截流等，应进行相应深度的科学研究，必要时应有模型试验成果的论证。初步设计在批准前，一般由项目法人委托有相应资质的工程咨询机构或组织专家，对初步设计中的重大问题进行咨询论证。设计单位根据咨询论证意见，对初步设计文件进行补充、修改和细化。初步设计由项目法人组织审查后，按国家现行规定权限向主管部门申报审批。

（2）技术设计。技术设计是根据初步设计和更详细的调查研究资料编制的，用以进一步解决初步设计中的重大技术问题，如工艺流程、建筑结构、设备选型及数量的确定等，以使建设项目的设计更具体、更完善，经济指标更好。

技术设计要完成以下内容：落实各项设备的选型方案、关键设备的科研调查，根据提供的设备规格、型号、数量进行订货；对建筑和安装工程提供必要的技术数据，从而编制施工组织总设计；编制修改总概算，并提出符合建设总进度的分年度所需要资金的数额，修改总概算金额应控制在设计总概算金额之内；列举配套工程项目、内容、规模和要求配套建成的期限；为工程施工所进行的组织准备和技术准备提供必要的数据。

（3）施工图设计。施工图设计是在初步设计和技术设计的基础上，根据建安工程的需要，针对各项工程的具体施工，绘制施工详图。施工图纸一般包括施工总平面图，建筑物的平面、立面、剖面图，结构详图（包括钢筋图），设备安装详图，各种材料、设备明细表，施工说明书。根据施工图设计，提出施工图预算及预算书。

设计文件编好以后，必须按照规定进行审核和批准。施工图设计文件是已定方案的具体化，由设计单位负责完成。在交付施工单位时，须经建设单位技术负责人审查签字。根据现场需要，设计人员应到现场进行技术交底，并可以根据项目法人、施工单位及监理单位提出的合理化建议进行局部设计修改。

5. 施工准备阶段

项目在主体工程开工之前，必须完成各项施工准备工作，其主要内容具体如下。

（1）施工场地的征地、拆迁，施工用水、电、通信、道路的建设和场地平整等工程。

（2）完成必需的生产、生活临时建筑工程。

（3）组织招标设计、咨询、设备和物资采购等服务。

（4）组织建设监理和主体工程招标投标，并择优选择建设监理单位和施工承包商。

（5）进行技术设计，编制修正总概算和施工详图设计，编制设计预算。

施工准备工作开始前，项目法人或其代理机构，须依照有关规定，向行政主管部门办理报建手续，同时交验工程建设项目的有关批准文件。工程项目报建后，方可组织施工准备工作。工程建设项目施工，除某些不适应招标的特殊工程项目外（须经水行政主管部门批准），均须实行招标投标。水利水电工程项目在进行施工准备工作时必须已满足以下条件：初步设计已经批准、项目法人已经建立、项目已列入国家或地方水利建设投资计划、筹资方案已经确定、有关土地使用权已经批准、已办理报建手续。

6. 建设实施阶段

建设实施阶段是指主体工程的建设实施。项目法人按照批准的建设文件，组织工程建设，保证项目建设目标的实现。

项目法人或其代理机构，必须按审批权限，向主管部门提出主体工程开工申请报告，经批准后，主体工程方可正式开工。主体工程开工须具备以下条件：

（1）前期工程各阶段文件已按规定批准，施工详图设计可以满足初期主体工程的施工需要；

（2）建设项目已列入国家或地方水利水电工程建设投资年度计划，年度建设资金已落实；

（3）主体工程招标已经决标，工程承包合同已经签订，并得到主管部门的同意；

（4）现场施工准备和征地移民等建设外部条件能够满足主体工程的开工需要；

（5）建设管理模式已经确定，投资主体与项目主体的管理关系已经理顺；

（6）项目建设所需全部投资来源已经明确，且投资结构合理；

（7）项目产品的销售已有用户承诺，并确定了定价原则。

要按照"政府监督、项目法人负责、社会监理、企业保证"的要求，建立健全质量管理体系，重要的建设项目须设立质量监督项目站，行使政府对项目建设的监督职能。

7. 生产准备阶段

生产准备是项目投产前所要进行的一项重要工作，是建设阶段转入生产经营的必要条件。项目法人应按照建管结合和项目法人责任制的要求，适时做好有关生产准备工作，生产准备工作应根据不同类型的工程要求确定，一般应包括如下内容。

（1）生产组织准备。建立生产经营的管理机构及其相应的管理制度。

（2）招收和培训人员。按照生产运营的要求，配备生产管理人员，并通过多种形式的培训，提高人员素质，使之能满足运营要求。生产管理人员要尽早介入工程的施工建设，参加设备的安装调试，熟悉情况，掌握好生产技术和工艺流程，为顺利衔接基本建设和生产经营阶段做好准备。

（3）生产技术准备。主要包括技术资料的汇总、运行技术方案的制订、岗位操作规程的制定和新技术的准备。

（4）生产物资准备。主要是落实投产运营所需要的原材料、协作产品、工器具、备品备件和其他协作配合条件的准备。

（5）正常的生活福利设施准备。

（6）及时具体落实产品销售合同协议的签订，提高生产经营效益，为偿还债务和资产的保值增值创造条件。

8. 竣工验收

竣工验收是工程完成建设目标的标志，是全面考核基本建设成果、检验设计和工程质量的重要步骤。竣工验收合格的项目即从基本建设转入生产或使用阶段。

当建设项目的建设内容全部完成，经过单位工程验收，符合设计要求，并按水利基本建设项目档案管理的有关规定，完成了档案资料的整理工作；在完成竣工报告、竣工决算等必需文件的编制后，项目法人按照有关规定，向验收主管部门提出申请，并根据《水利水电建设工程验收规程》（SL223—2008）组织验收。

竣工决算编制完成后，须由审计机关组织竣工审计，其审计报告是竣工验收的基本资料。对工程规模较大、技术较复杂的建设项目可先进行初步验收，不合格的工程不予验收；对于有遗留问题的工程必须有具体的处理意见，对于有限期处理的工程须明确要求并落实负责人。

水利水电工程按照设计文件所规定的内容建成以后，在办理竣工验收以前，必须进行试运行。例如，对灌溉渠道要进行放水试验；对水电站、抽水站要进行试运转和试生产，以检查考核其是否达到设计标准和施工验收的质量要求。如工程质量不合格，应返工或加固。

竣工验收的目的是全面考核建设成果，检查设计和施工质量，及时解决影响投产的问题，办理移交手续，交付使用。

竣工验收程序一般分为两个阶段，即单项工程验收和整个工程项目的全部验收。对于大型工程，因其建设时间长或建设过程中逐步投产，应分批组织验收。验收之前，项目法人要组织设计、施工等单位进行初验并向主管部门提交验收申请，并根据《水利水电建设工程验收规程》（SL223—2008）组织验收。

项目法人要系统整理技术资料，绘制竣工图，分类立卷，在验收后作为档案资料交生产单位保存。项目法人要认真清理所有财产和物资，编好工程竣工决算，报上级主管部门审批。竣工决算编制完成后，须有审计机关组织竣工审计，审计报告作为竣工验收的基本资料。

水利水电工程把上述验收程序分为阶段验收和竣工验收，凡能独立发挥作用的单项工程均应进行阶段验收，如截流、下闸蓄水、机组启动、通水等。

9. 后评价

后评价是工程交付生产运行后一段时间内（一般经过 1~2 年），对项目的立项决策、设计、施工、竣工验收、生产运营等全工程进行系统评估的一种技术活动，是基本建设程序的最后一环。通过后评价达到肯定成绩、总结经验、研究问题、提高项目决策水平和投资效果的目的。通常包括影响评价、经济效益评价和过程评价。

（1）影响评价。影响评价是项目投产后对各方面的影响所进行的评价。

（2）经济效益评价。经济效益评价是对项目投资、国民经济效益、财务效益、技术进步和规模效益、可行性研究深度等方面进行的评价。

（3）过程评价。过程评价是对项目立项、设计、施工、建设管理、竣工投产、生产运营等全过程进行的评价。

项目后评价工作一般按三个层次组织实施，即项目法人的自我评价、项目行业的评价、计划部门（或主要投资方）的评价。

建设项目后评价工作必须遵循客观、公正、科学的原则，做到分析合理、评价公正。

以上所述基本建设程序的九项内容，既是我国对水利水电工程建设程序的基本要求，也基本反映了水利水电工程建设工作的全过程。

## （二）建设项目工程造价的分类

建筑项目工程造价可以根据不同的建设阶段、编制对象（或范围）、承包结算方式等进行分类。

1. 投资估算

投资估算是指建设项目在项目建议书和可行性研究阶段，根据建设规模结合估算指标、类似工程造价资料、现行的设备材料价格，对拟建设项目未来发生的全部费用进行预测和估算。投资估算是判断项目可行性、进行项目决策的主要依据之一，又是建设项目筹资和控制造价的主要依据。

2. 设计概算

设计概算是在初步设计或扩大初步设计阶段编制的计价文件，是在投资估算的控制下由设计单位根据初步设计图纸及说明、概算定额（或概算指标）、各项费用定额或取费标准、设备、材料预算价格以及建设地点的自然、技术、经济条件等资料，用科学的方法计算、编制和确定的有关建设项目从筹建至竣工交付使用所需全部费用的文件。采用两阶段设计的建设项目，初步设计阶段必须编制设计概算。

3. 修正概算

修正概算是当采用三阶段设计时，在技术设计阶段，随着对初步设计内容的深化，对建设规模、结构性质、设备类型等方面可能进行的必要修改和变动，由设计单位对初步设计总概算做出相应的调整和变动，即形成修正设计概算。一般修正设计概算不能超过原已批准的概算投资额。

4. 施工图预算

施工图预算是在设计工作完成并经过图纸会审之后，根据施工图纸、图纸会审记录、施工方案、预算定额、费用定额、各项取费标准、建设地区设备、人工、材料、施工机械台班等预算价格编制和确定的单位工程全部建设费用的建筑安装工程造价文件。

5. 工程结算

工程结算是指承包商按照合同约定和规定的程序，向业主收取已完工工程价款清算的经济文件。工程结算分为工程中间结算、年终结算和竣工结算。

6. 竣工决算

竣工决算是指业主在工程建设项目竣工验收后，由业主组织有关部门，以竣工结算等资料为依据编制的反映建设项目实际造价的文件和投资效果的文件。竣工决算真实地反映了业主从筹建到竣工交付使用为止的全部建设费用，是核定新增固定资产价值、办理其交付使用的依据，是业主进行投资效益分析的依据。

## 第二节　水利工程概算的基本知识

### 一、水利水电建筑产品的特点

与一般工业产品相比，水利水电建筑产品具有以下特点。

#### （一）建设地点的不固定性

建筑产品都是在选定的地点建造的。例如，水利工程一般都是建在河流上或河流旁边，它不像一般工业产品那样在工厂里重复地批量进行生产，工业产品的生产条件一般不受时间及气象条件的限制。用途、功能、规模、标准等基本相同的建筑产品，因其建设地点的地质、气象、水文条件等不同，其造型、材料选用、施工方案等都有很大的差异，从而影响其产品造价。另外，不同地区人员的工资标准以及某些费用标准，如材料运输费、冬雨季施工增加费等，都会由于建设地点的不同而不同，从而使建筑产品的造价有很大的差异。水利水电建筑产品一般都是建筑在河流上或河流旁边，受水文、地质、气象因素的影响大，因此形成价格的因素比较复杂。

### （二）建筑产品的单件性

水利水电工程一般都随所在河流的特点而变化，每项工程都要根据工程的具体情况进行单独设计，在设计内容、规模、造型、结构和材料等各方面都互不相同。同时，由于工程的性质（新建、改建、扩建或恢复等）不同，其设计要求也不一样。即使工程的性质或设计标准相同，也会因建设地点的地质、水文条件不同，其设计也不尽相同。

### （三）建筑产品生产的露天性

水利水电建筑产品的生产一般都是露天进行的，季节的更替，气候、自然环境条件的变化，都会引起产品设计的某些内容和施工方法的变化，也会造成防寒防雨或降温等费用的变化。另外，水利水电工程还涉及施工期工程防汛。这些因素都会使建筑产品的造价发生相应的变动，使得各建筑产品的造价不相同。

此外，建筑产品的规模大，大于任何工业产品，由此决定了其生产周期长、程序多，涉及面广、社会协作关系复杂，这些特点也决定了建筑产品价值构成不可能一样。

水利水电建筑产品的上述特点，决定了它不可能像一般工业产品那样，可以采用统一的价格，而必须通过特殊的计划程序，逐个编制概预算来确定其价格。

## 二、水利工程分类

由于水利建设项目常常是由多种性质的水工建筑物构成的复杂建筑综体，同其他工程相比，包含的建筑种类多、涉及面广。

### （一）按工程性质划分

水利工程按工程性质划分为三大类，分别是枢纽工程、引水工程、河道工程。

大型泵站是指装机流量≥50 m³/s 的灌溉、排水泵站；大型拦河水闸是指过闸流量≥1000 m/s 的拦河水闸。

灌溉工程一是指设计流量≥5 m³/s 的灌溉工程。

灌溉工程二是指设计流量<5 m³/s 的灌溉工程和田间工程。

### （二）按概算项目划分

水利工程按概算项目划分为四大部分，分别是工程部分、建设征地移民补偿、环境保护工程、水土保持工程。

1. 工程部分

工程部分分为建筑工程、机电设备及安装工程、金属结构设备及安装工程、施工临时工程和独立费用五个部分。

2. 建设征地移民补偿

建设征地移民补偿分为农村部分补偿、城（集）镇部分补偿、工业企业补偿、专业项目补偿、防护工程、库底清理和其他费用七个部分。各部分根据具体工程情况分别设置一级、二级、三级、四级、五级项目。详见水利部2014年颁发的《水利工程设计概（估）算编制规定》（水总〔2014〕429号）中建设征地移民补偿的有关规定。

3. 环境保护工程

环境保护工程项目划分为环境保护措施、环境监测措施、环境保护仪器设备及安装、环境保护临时措施、环境保护独立费用五个部分，各部分下设一级、二级、三级项目。详见《水利水电工程环境保护概（估）算编制规程》（SL 359—2006）的有关规定。

4. 水土保持工程

水土保持工程项目划分为工程措施、植物措施、施工临时工程和独立费用四个部分，各部分下设一级、二级、三级项目。详见《水土保持工程概（估）算编制规定》（水总〔2003〕67号）的有关规定。

## 三、概算文件的组成内容

概算文件包括设计概算报告（正件）、附件、投资对比分析报告。

### （一）概算正件组成内容

1. 编制说明

（1）工程概况。工程概况包括流域、河系、兴建地点、工程规模、工程效益、工程布置形式、主体建筑工程量、主要材料用量、施工总工期等。

（2）投资主要指标。投资主要指标包括工程总投资和静态总投资，年度价格指数，基本预备费率，建设期融资额度、利率和利息等。

（3）编制原则和依据。概算编制原则和依据包括人工预算单价，主要材料，施工用电、水、风以及沙石料等基础单价的计算依据；主要设备价格的编制依据；建筑安装工程定额、施工机械台时费定额和有关指标的采用依据；费用计算标准及依据；工程资金筹措方案等。

（4）概算编制中其他应说明的问题。

（5）主要技术经济指标表。主要技术经济指标表根据工程特性表编制，反映工程的主要技术经济指标。

2. 工程概算总表

工程概算总表应汇总工程部分、建设征地移民补偿、环境保护工程、水土保持工程总概算表。

3. 工程部分概算表和概算附表

（1）概算表。概算表包括工程部分总概算表、建筑工程概算表、机电设备及安装工程概算表、金属结构设备及安装工程概算表、施工临时工程概算表、独立费用概算表、分年度投资表、资金流量表（枢纽工程）等。

（2）概算附表。概算附表包括建筑工程单价汇总表、安装工程单价汇总表、主要材料预算价格汇总表、次要材料预算价格汇总表、施工机械台时费汇总表、主要工程量汇总表、主要材料量汇总表、工时数量汇总表等。

### （二）概算附件组成内容

1. 人工预算单价计算表。

2. 主要材料运输费用计算表。

3. 主要材料预算价格计算表。

4. 施工用电价格计算书（附计算说明）。

5. 施工用水价格计算书（附计算说明）。

6. 施工用风价格计算书（附计算说明）。

7. 补充定额计算书（附计算说明）

8. 补充施工机械台时费计算书（附计算说明）。

9. 沙石料单价计算书（附计算说明）。

10. 混凝土材料单价计算表。

11. 建筑工程单价表。

12. 安装工程单价表。

13. 主要设备运杂费计算书（附计算说明）。

14. 施工房屋建筑工程投资计算书（附计算说明）。

15. 独立费用计算书（勘测设计费可另附计算书）。

16. 分年度投资计算表。

17. 资金流量计算表。

18. 价差预备费计算表。

19. 建设期融资利息计算书（附计算说明）。

20. 计算人工、材料、设备预算价格和费用依据的有关文件、询价报价资料及其他。

### （三）投资对比分析报告

编写投资对比分析报告时，应从价格变动、项目及工程量调整、国家政策性变化等方面对工程项目投资进行详细分析，并说明初步设计阶段与可行性研究阶段（或可行性研究阶段与项目建设书阶段）相比较的投资变化原因和结论。工程部分报告应包括以下附表。

1. 总投资对比表。

2. 主要工程量对比表。

3. 主要材料和设备价格对比表。

4. 其他相关表格。

投资对比分析报告应汇总工程部分、建设征地移民补偿、环境保护、水土保持各部分对比分析内容。

# 第三节　工程项目的资金时间价值与现金流量

## 一、资金时间价值

### （一）资金时间价值的概念

资金时间价值理论于20世纪50年代开始在西方国家得到广泛应用。我国自改革开放以来，也开始广泛接受并应用资金时间价值理论。目前，资金时间价值在我国经济建设中发挥着不可忽视的作用。

资金时间价值又称为货币的时间价值，是指货币经过一定时间的投资和再投资后所增加的价值。一定量的资金在不同的时点上具有不同的价值。

从上述定义可知，货币只有在投资的条件下经过一定的时间才能增值。例如，现将10万元存入银行，若银行存款年利率是1%，则这10万元经过一年时间的投资增加了0.1万元，这0.1万元的利息就是资金的时间价值。又如，将这10万元对企业进行生产投资，通过购买原材料、生产产品、销售产品等一系列生产经营活动，企业生产出新的产品，获得了利润，实现了资金的增值，这里的利润就是资金的时间价值。然而，如果这10万元既不存入银行，也不进行其他投资，仅仅把它放在家里，放的时间再长也不会发生增值。换言之，资金只有在周转使用过程中才会产生时间价值。那么，资金的时间价值是如何衡量的呢?

衡量资金时间价值的尺度有两种：一是绝对尺度，即利息或利润等；二是相对尺度，即利率或利润率。从量的规定性来看，资金时间价值相当于在没有风险和没有通货膨胀条件下的社会平均资金利润率。在投资某项目时，若预期报酬率低于社会平均利润率，企业将无利可图，会放弃投资。因此，资金时间价值是评价企业投资方案的基本标准。例如，某项目的预计年投资报酬率是13%，若银行贷款年利率是14%，则该项目投资不可取。

### （二）资金等值计算

由于资金具有时间价值，所以同等金额的资金在不同时点上是不等值的，而不同时点上发生的金额不等的资金可能具有相等的价值。例如，2008年的100元和2011年的100元是不等值的。在年利率为1%的情况下，2018年的100元和2019年的101元是等值的。

所谓资金等值计算，是指在理想资本市场条件下，将某一时点的资金按照一定的利率折算成与之等价的另一时点的资金的计算过程。为了计算方便，假定资金的流入和流出是在某一时间（通常为一年）的期末进行的。

## 二、工程项目现金流量

### （一）工程项目现金流量的概念

对工程项目进行经济分析，首先必须掌握工程项目各年的现金流量状况。这里所说的现金流量是指长期工程项目在筹建、设计、施工、正式投产使用直至报废清理的整个期间内形成的现金流入量与流出量。其中，现金是指货币资本，它包括纸币、硬币、汇票和银行存款等；现金流入量与流出量之间的差额，称为净现金流量。因此，现金流量又是现金流入量、现金流出量和净现金流量的统称，人们也常将现金流量简称为现金流。

1. 现金流入量（CI）

现金流入量是指在工程项目研究期内每年实际发生的现金流入，包括年销售收入、固定资产报废时回收的残值以及期末收回的垫支的流动资金等。第 $j$ 年的现金流入量用 $CIj$ 表示。

2. 现金流出量（CO）

现金流出量是指在工程项目研究期内每年实际发生的现金流出，包括企业的初始固定资产投资、垫支的流动资金、销售税金及附加、年经营成本等。第 $j$ 年的现金流出量用 $COj$ 表示。

### （二）工程项目现金流量的计算

1. 工程项目计算期间

工程项目计算期间是计算现金流量时必须考虑的一个基本因素。按时间划分，一个工程项目通常分为建设期和运营期（或经营期、使用期）两个阶段，这两个时期之和是项目的计算期，也称项目寿命期。运营期又分为试产期和达产期（完全达到设计生产能力期）两个阶段。试产期是指工程项目投入生产，但生产能力尚未完全达到设计能力时的过渡阶段。达产期是指生产能力达到设计水平后的时间段。运营期需要根据工程项目主要设备的经济使用寿命确定。

2. 项目现金流量的组成部分

（1）初始现金流量。初始现金流量是投资时发生的现金流量，通常包括投资在固定资产上的资金和垫支的流动资金两个部分。其中，垫支的流动资金一般会在项目终结时全部收回。这部分初始现金流量不受所得税的影响，通常为现金流出量。用公式表示为

初始现金流量 = 投资在固定资产上的资金 + 垫支的流动资金

需要注意的是，若投资在固定资产上的资金是以企业原有的旧设备进行投资的，在计算现金流量时，应以设备的变现价值作为其现金流出量，并要考虑由此造成的所得税。用公式表示为

初始现金流量 = 投资在流动资产上的资金 + 设备的变现价值 –（设备的变现价值 – 账面价值）× 所得税税率

（2）营业现金流量。营业现金流量是指项目投入使用后，因生产经营活动而在项目使用寿命周期内产生的现金流入量和流出量。其中，现金流入量指营业现金收入，现金流出量指营业现金支出和缴纳的税金。假设年营业收入均为现金收入，扣除折旧后的营业成本均为现金支出，也就是付现成本，那么每年的营业现金流量可以表示为

年营业现金流量 = 现金流入量 - 现金流出量 = 年营业现金收入 - 付现成本 - 相关税金 = 年营业现金收入 - 付现成本 -（年营业现金收入 - 付现成本 - 折旧）× 税率 =（年营业现金收入 - 付现成本 - 折旧）×（1- 税率）+ 折旧 = 税后净利 + 折旧

（3）终结现金流量。终结现金流量是指工程项目终结时发生的现金流量。其主要包括固定资产残值收入和垫支的流动资金回收额。

### （三）相关现金流量

相关现金流量是指由某个投资项目所引起的现金流量。如果一笔现金流量即使没有投资项目也会发生，那么它就不属于相关现金流量。相关现金流量才是计算工程项目现金流量时要考虑的因素。在确定相关现金流量时要注意以下几个问题。

1. 沉没成本不是相关现金流量。沉没成本是指在投资决策时已经发生的、无法改变的成本，属于无关成本，在计算现金流量时不应考虑。例如，某企业在建设工程项目前支出 3 万元对某地区进行厂址选择的勘探调查工作，这笔支出是企业的现金流出。但由于在投资决策时，该笔资金已经发生，不管结果是不是选择该地区为厂址，与勘探调查相关的 3 万元支出已经发生且无法改变，属于沉没成本，所以不应当包含在投资决策中。

2. 筹资成本不作为现金流出处理。这是全投资假设，即假设项目中全部投入的资金均为企业的自有资金。当投资项目所需资金来自负债时，为取得该笔债务所支付的筹资费用和债务的偿还要视为自有资金处理，不作为现金流出量。

3. 要考虑机会成本。在投资方案选择中，因选择一种方案而放弃了另外的投资方案的代价，就是机会成本。在投资决策时，要考虑机会成本的影响。例如，在考虑是否更换旧设备生产新产品时，该机器设备当前的可变现价值就是继续使用旧设备的机会成本。

# 第三章　渠系建筑物工程施工技术

渠系建筑物是指为渠道正常工作和发挥其各种功能而在渠道上兴建的水工建筑物。如利用渠道落差发电的水电站，通航渠道上的码头、船闸和为人、畜免于落水而设的安全护栏。渠系建筑物数量多、总体工程量大、造价高，故应向定型化、标准化、装配化和机械化施工等方面发展，本章将对渠系建筑物工程施工技术进行分析。

## 第一节　地基开挖及地基处理

建筑物工程的建筑地基一般分为岩石地基、土壤地基或沙砾石地基等，但由于受各地域和地形的影响及工程地质和水文地质作用的影响，天然地基往往存在一些不同形式的缺陷，须经过人工处理，使地基具有足够的强度、整体性、抗渗性和耐久性，这样方能作为水文建筑物工程的基础。

由于各种工程地质与水文地质都不同，因此对各种类型的建筑物地基的处理要求也不同，因此对不同的地质条件、不同的建筑物形式，要求用不同的处理措施和方法。故从施工角度，对各类建筑物的地基开挖、岩石地基、土壤地基、沙砾石地基、特殊地基的处理等分别进行介绍。

### 一、各类建筑物地基开挖的一般规定和基本要求

天然地基的开挖最好安排在无水期或少雨的季节进行，开工前应做好计划和施工准备工作，开挖后应连续施工，基础的轴线、边线位置及基底标高均应符合设计要求，经精确测定，检查无误后方可施工。

#### （一）开挖前的准备工作

1. 熟悉基本资料，认真分析建筑物工程区域内的工程地质及水文地质资料，了解和掌握各种地质缺陷的分布及发展情况。

2. 明确设计意图及对各类建筑物基础的具体要求。

3. 熟知工程条件、施工技术水平及设备力量、人工配备、物料储备、交通运输、水文气候资料等。

4. 与业主、地质设计监理等单位共同研究确定适宜的地基开挖范围、深度和形态。

## （二）各类地基开挖的原则和方法

1. 岩基开挖

（1）做好基坑排水工作，在围堰闭合后，立即排除基坑范围内的渗水，布置好排水系统，配备足够的设备，边开挖井坑边降低和控制水位，确保开挖工作不受水的干扰，保证各建筑物工程干地施工。

（2）做好施工组织计划，合理安排开挖程序，由于地形、坡度和空间的限制，建筑物的基坑开挖一般比较集中，工种多、比较难、安全问题突出，因此，基坑开挖的程序应本着自上而下、先岸坡后地基的原则，分层开挖，逐步下降。

（3）正确选择开挖方法，保证开挖质量。岩基开挖的主要方法是钻孔爆破法，采用分层梯段松动爆破；边坡轮廓面开挖应采用预裂爆破法或光面爆破法。紧邻水平建基面应预留保护层，并对保护层进行分层爆破。开挖偏差的要求：对节理裂隙不发育、较发育、发育和坚硬、中硬的岩体，水平建基面高程的开挖偏差要求不超过 ±20 cm；设计边坡的轮廓线开挖偏差，在一次钻进深度条件下开挖时，不应超过其开挖高度的 ±2%；在分台阶开挖时，最下部一个台阶坡脚位置的偏差以及整体边坡的平均坡度均应符合设计标准。预留保护层的开挖是控制岩基质量的关键，其要点是分层开挖，控制一次起爆药量，控制爆破震动影响。边坡预裂爆破或光面爆破的效果应符合以下要求：开挖的轮廓、残留炮孔的痕迹应均匀分布；对于裂隙发育和较发育的岩体，炮眼痕迹保存率应达到 80% 以上；对于节理裂隙发育和较发育的岩体，应达到 50%~80%；对于节理裂隙极发育的岩体，应达到 10%~50%。相邻炮孔间岩石的不平整度不应大于 15 cm。

（4）选定合理的开挖范围和形态。基坑开挖范围主要取决于水工建筑物倒虹吸的平面轮廓，还要满足机械运行、道路布置施工排水、立模与支撑的要求。放宽的范围一般从几米到十几米不等，由实际情况而定。开挖后的岩基面要求尽量平整，以利于倒虹吸底部的稳定。

2. 软基开挖

软基开挖的施工方法与一般土方开挖的方法相同。由于地基的施工条件比较特殊，常会遇到下述困难，为确保开挖工作顺利进行，必须注意以下方面。

（1）淤泥

淤泥的特点是颗粒细、水分多、人无法立足，应视情况不同分别采取措施。

1）稀淤泥：特点是含水量高、流动性大、装筐易漏，必须采用帆布做袋抬运。当稀泥较薄、面积较小时，可将干沙倒入进行堵淤，形成土埂，在土埂上进行挖运作业。如面积大，要同时填筑多条土埂分区支立，以防乱流。若淤泥深度大、面积广，可将稀泥分区围埂，分别排入附近挖好的深坑内。

2）夹砂淤泥：特点是淤泥中有一层或几层夹沙层。如果淤泥厚度较大，可采用前面所述方法挖除；如果淤泥层很薄，先将砂石晾干，能站人时方可进行，开挖时连同下层淤泥一同挖除，露出新沙石，切勿将夹砂层挖混造成开挖困难。

（2）流沙

流沙现象一般发生在非黏性土中，主要与沙土的含水量、孔隙率、黏粒含量和水压力的水力梯度有关。在细沙、中沙中常发生，也可能在粗沙中发生。流沙开挖的主要方法如下。

1）主要解决好“排”与“封”，即将开挖区泥砂层中的水及时排除，降低含水量和水力梯度，将开挖区的流沙封闭起来。如坑底积水，可在较低的位置挖沉砂坑，将竹筐或柳条筐沉入坑底，水进入筐内而沙被阻于其外，然后将筐内水排走。

2）对于坡面的流沙，当土质允许、流沙层又较薄（一般在 4~5 m）时，可采用开挖方法，一般放坡为 1 ： 4~1 ： 8，但这要扩大开挖面积，增加工程量。

## 二、建筑物工程基坑开挖的机械

土石方工程开挖的机械有挖掘机械和挖运组合机械两大类。挖掘机械主要用于土石方工程的开挖工作。挖掘机械按构造及工作特点又可分为循环作业的单斗式挖掘机和连续作业的多斗式挖掘机两大类。挖运组合机械是指能由一台机械同时完成开挖、运输、卸土、铺土任务的机械，常用的有推土机、装载机和铲运机等。

### （一）挖掘机械

1. 单斗式挖掘机

单斗式挖掘机是水利水电工程施工中最常用的一种机械，可以用来开挖建筑物的基坑、渠道等，它主要由工作装置、行驶装置和动力装置三部分组成。单斗式挖掘机的工作装置有铲斗、支撑和操纵铲斗的各种部件，可分为正向铲挖掘机、反向铲挖掘机、索铲挖掘机、抓铲挖掘机四种。

（1）正向铲挖掘机

钢丝绳操纵的正向铲挖掘机利用其支杆、斗柄、铲斗及操纵它的索具、连接部件等工作。支杆一端铰接于回转台上，另一端通过钢丝绳与绞车相连，可随回转台在平面上回转 360° ，但工作时其垂直角度保持不变。斗柄通过鞍式轴承与支杆相连，斗柄下则有齿杆，通过鼓轴上齿轮的从动，可做前后直线移动。斗柄前端装有铲斗，铲斗上装有斗齿和斗门。挖土时，栓销插入斗门扣中，斗门关闭，卸土时绞车通过钢丝绳将栓销拉出，斗门则自动下垂开放。正向铲挖掘机是一种循环式作业机械，每一工作循环包括挖掘、回转、卸料、返回四个过程。挖掘时先将铲斗放到工作面底部的位置，然后将铲斗自下而上提升，使斗柄向前推压，在工作面上挖出一条弧形挖掘面（II、I）。在铲斗装满土石后，再将铲后退离开工作面（IV），回转挖掘机上部机构至运土车辆处（V），打开斗门将土石卸掉（VI），然后再转回挖掘机上部机构，同时放下铲斗，进行第二次循环，直到所在位置全部挖完后，再移动到另一停机位置继续挖掘工作。

正向铲挖掘机主要用于挖掘基面以上的I~IV级土，也可以挖装松散石料。

（2）索铲挖掘机

索铲挖掘机的工作装置主要由支杆、铲斗、升降索和牵引索组成。铲斗由升降索悬挂在支杆上，前端通过铁链与牵引索连接，挖土时先收紧牵引索，然后放松牵引索和升降索，铲斗借自重荡至最远位置并切入土中，然后，拉紧牵引索，使铲斗沿地面切土并装满铲斗，此时，收紧升降索及牵引索，将铲斗提起，回转机身至卸土处，放松牵引索，使铲斗倾翻卸土。

索铲挖掘机支杆较长，倾角一般为30°~45°，所以挖掘半径、卸载半径和卸载高度均较大。由于铲斗是借自重切入土中的，因此适用于开挖建基面以下的较松软土壤，也可用于浅水中开挖沙砾料。索铲卸土最好直接卸于弃土堆中，必要时也可直接装车运走。

提高挖掘机生产率的主要措施如下。

1）加长中间斗齿长度，以减小铲土阻力，从而减少铲土时间。

2）加强对机械工人的培训，操作时应尽可能合并回转、升起、降落等过程，以缩短循环时间。

3）挖松土料时，可更换大容量的铲斗。

4）合理布置工作面，使掌子面高度接近挖掘机的最佳工作高度，并使卸土时挖掘机转角最小。

5）做好机械保养，保证机械正常运行并做好施工现场准备，组织好运输工具，尽量避免工作时间延误。

2. 多斗式挖掘机

多斗式挖掘机是一种连续作业式挖掘机械，按构造不同，可分为链斗式和斗轮式两类。

（1）链斗式采沙船

链斗式采沙船是由传动机械带动固定传动链条上的土斗进行挖掘的，多用于挖掘河滩及水下沙砾料。水利水电工程中，常用的采沙船有120 $m^3/h$ 和250 $m^3/h$ 两种，采沙船是无自航能力的沙砾石采掘机械。当远距离移动时，须靠拖轮拖带；近距离移动时，可借助船上的绞车和钢丝绳移动。一般采用轮距为1.435 m和0.762 m的机车牵引矿车或沙驳船配合使用。

（2）斗轮式挖掘机

斗轮式挖掘机的斗轮装在可仰俯的斗轮臂上，斗轮装有7~8个铲斗，当斗轮转动时，即可挖土；铲斗转到最高位置时，斗内土料借助自重卸到受料皮带上然后卸入运输工具上或直接卸到料堆上。斗轮式挖掘机的主要特点是斗轮转速快、连续作业生产率高，且斗轮臂倾角可以改变，可以回转360°，故开挖面较大，可适用于不同形状的工作面。

### （二）挖掘组合机械

1. 推土机

推土机是一种能进行平面开采、平整场地，并可短距离运土、平土、散料等综合作业的土方机械。由于推土机构造简单、操作灵活、移动方便，故在水利水电工程中应用很广，常用来进行清理、覆盖、堆积土料，碾压、削坡、散料等坝面作业。

2. 装载机

装载机是一种工效高、用途广泛的工程机械，它不仅可以堆积松散料物，进行装、运、卸作业，还可以对硬土进行轻度铲掘工作，并能用于清理、刮平场地及牵引作业，如更换工作装置还可以完成推土、挖土、松土、起重以及装载棒状物料等工作，因此被广泛应用。装载机按行走装置可分为轮胎式和履带式两种，按卸载方式可分为前卸式、侧卸式和回转式三种。

# 第二节　混凝土工程的施工

建筑物中的水工混凝土的施工技术要求，对提高水工混凝土施工质量、推动其技术的发展起到了很好的作用。随着科学技术的进步，施工装备水平的提高，对施工技术水平和质量控制的要求更高、更严格。

## 一、模板的施工技术要求

模板施工是水工混凝土工程施工中一项重要的分项工程，对工程的进度质量和经济效益均有重要影响。目前随着社会科学技术的进步，模板施工的技术水平也有了很大的提高，无论是在模板材料方面，还是在模板类型和施工工艺方面都有明显进步。

### （一）模板的制作总体要求

1. 保证混凝土结构和构件各部分设计的形状、尺寸和相互位置正确。

2. 具有足够的强度、刚度和稳定性，能可靠地承受设计和规范要求的各项施工荷载，并保证变形在允许的范围以内。

3. 应尽量做到标准化、系列化，装卸方便，周转次数高，有利于混凝土工程的机械化施工。

4. 模板的平面光洁、拼缝密合、不漏浆，以便保证混凝土的质量。

5. 模板的选用应与混凝土结构、构件特征、施工条件和浇筑方法相适应，土面积平面支模宜选用大模板，当浇筑层质量不超过 3 m 时宜选用悬臂式大模板。

6. 组合钢模板、大模板、滑动模板等模板的设计制作和施工应符合国家现行标准《组合钢模板技术规范》（GB/T 50214—2013）、《液压滑动模板施工技术规范》（GBJ 113）和《水工建筑物滑动模板施工技术规范》（DL/T 5400— 2007）的规定。

7. 对模板采用的材料及制作安装等工序均应进行质量检测。

## （二）模板的材料要求

1. 模板的材料宜选用钢材、胶合板、模板，支架的材料宜选用钢材等，尽量少用木材。

2. 钢模板的材质应符合现行的国家标准和行业标准的规定。

（1）当采用钢材时，宜采用 QZ35，其质量应符合相关规范的规定。

（2）当采用木材时，应符合《木结构设计规范》（CB 50005— 2017）中的承重结构选材标准。

（3）当采用胶合板时，其质量应符合现有有效标准的有关规定。

（4）当采用竹编胶合板时，其质量应符合《竹编胶合板》（GB/T 13123— 2003）的有关规定。

3. 木材的种类可根据各地区实际情况选用，材质不宜低于三等材。腐朽易扭曲、有蛀孔等有缺陷的木材、脆性木材和容易变形的木材，均不得使用。木材应提前备料，干燥使用，含水量宜为 18%~23%。水下施工用的木材，含水量宜为 23%~45%。

4. 保温模板的保温材料应不影响混凝土外露表面的平整度。

## （三）模板的设计要求

1. 模板的设计必须满足建筑物的体型、结构尺寸及混凝土浇筑分层分块的要求。

2. 模板的设计，应提出对材料制作安装、运输使用及拆除工艺的具体要求，设计图纸应标明设计荷载和变形控制要求，模板设计应满足混凝土施工措施中确定的控制条件。如混凝土的浇筑顺序、浇筑速度、浇筑方式、施工荷载等。

3. 钢模板的设计应符合《钢结构设计规范》（GB50017— 2017）的规定，其截面塑性发展系数取 1.0，其荷载的设计值可乘以系数 0.85 予以折减。采用冷弯薄壁型钢应符合《冷弯薄壁型钢结构技术规范》（GB50018— 2002）的规定，其荷载设计值不应折减。木模板的设计应符合《木结构设计规范》（GB 50005— 2017）的规定，当木材含水量小于 25% 时，其荷载设计值可乘以系数 0.90 予以折减。

其他材料的模板设计应符合相应有关的专门规定。

4. 设计模板时，应考虑下列各项荷载：

（1）模板的自身重力；

（2）新浇混凝土的重力；

（3）钢筋和预埋件的重力；

（4）施工人员和机具设备的重力；

（5）振捣混凝土时产生的荷载；

（6）新浇筑混凝土的侧压力；

（7）新浇筑混凝土的浮托力；

（8）倾倒混凝土时所产生的荷载；

（9）风荷载；

（10）其他荷载。

## 二、水工混凝土的施工技术要求

水工混凝土的施工技术要求主要是控制与检查、对材料的选用、混凝土配合比的选定、施工方法的选择、施工过程中的质量控制及养护等。

1. 对水泥的要求

（1）水泥的品质：选用的水泥必须符合现行国家标准的规定，并根据工程特殊的要求对水泥的化学成分、矿物组成和细度等提出专门要求。

（2）每个工程所用的水泥品种以 1~2 种为宜，并应固定供应厂家。

（3）选用的水泥强度等级应与混凝土设计强度等级相适应，水位变化区、溢流面及经常受水流冲刷的部位、抗冻要求较高的部位，宜使用较高强度等级的水泥。

（4）运至工地的每一批水泥应有生产厂家的出厂合格证和品质试验报告，使用单位应进行抽检，每 200~400 t 同一厂家同品牌、同强度等级的水泥为一取样单位，如不足 200 t 也应作为一取样单位，必要时进行复检。

（5）水泥品质的检测，应按现行的国家标准进行。

（6）水泥的运输、保管及使用应遵守以下规定。

1）优先使用散装水泥。

2）运到工地的水泥应按标明的品种、强度等级、生产厂家和出厂批号分别储存到有明显标志的储罐或仓库中，不得混装。

3）水泥在运输和储存过程中应严防水防潮，已受潮结块的水泥应经处理并验检合格后方可使用，储罐水泥宜一个月倒罐一次。

4）水泥仓库应有排水、通风措施，保持干燥，堆放袋装水泥时设置防潮层并距地面离墙边至少 30cm，堆放高度不超过 15 袋，并留出运输通道。

5）散装水泥运到工地时的入罐温度不宜高于 65℃。

6）先出先运到工地的水泥应先用，袋装水泥储存期不超过 3 个月，散装水泥储存期超出 6 个月的，使用前应重新检测。

7）应避免水泥的散失浪费，注意环境保护。

2. 对骨料的要求

（1）应根据优质、经济、就地取材的原则进行选择，可选择天然骨料或人工骨料或二者结合，选用人工骨料时，有条件的地方宜选用石灰岩质的料源。

（2）冲洗筛分骨料时，应控制好筛分进料量、冲水洗和用水量筛网的孔径与倾角等，以保证各级骨料的成品质量符合要求，尽量减少细沙流失。在人工沙的生产过程中，应保持进料粒径、进料量及料浆浓度的相对稳定性，以便控制人工沙的细度模数及石粉含量。

（3）成品骨料的堆存和运输应符合下列规定。

1）堆存场地应有良好的设施，排水通畅、干燥等，必要时应设置防雨遮阳等设施。

2）各级骨料仓之间应采取设置隔墙等有效措施，严禁混料，并避免泥土和其他杂物混入骨料中。

3）应尽量减少转运次数，卸料时粒径大于 40 mm 的骨料自由落差大于 3 m 时，应设置缓解设施。

4）储料仓除有足够的容积外，还应维持不小于 6m 的堆料厚度，细骨料仓的数量和容积应满足细骨料脱水的要求。

5）在细骨粒成品堆场取样时，同一级料堆不同部位用四分法取样。

（4）细骨料（人工沙、天然沙）的品质要求：

1）细骨料应质地坚硬清洁，级配良好，人工沙的细度模量宜在 2.4~2.8 内，天然沙的细度模数宜在 2.2~3.0 内，使用山沙、粗沙、特细沙应经过试验论证。

2）细骨料的含水量应保持稳定，人工沙的含水量不宜超过 6%，必要时应采取加速脱水等措施。

3. 对掺合料的要求

水工混凝土中应掺入适量的掺合料，其品种有粉煤灰、凝灰岩粉、矿渣微粉、硅粉、粒化电炉磷渣、氧化镁等。掺用的品种和掺量应根据工程的技术要求、掺合料品质和资源条件通过试验论证确定。

（1）掺合料的品质应符合现行国家标准和有关行业标准。

（2）粉煤灰掺合料宜选 I 级。

（3）掺合料每批产品出厂时应有出厂合格证，主要内容包括厂名、等级、出厂日期、批号、数量、品质检测结果说明等。

（4）使用单位对进场使用的掺合料应进行验收并随机取样抽检。粉煤灰等掺合料以连续供应 200t 为一批次（不足 200 t 按一批次），硅粉以连续供应 20 t 为一批次（不足 20 t 应按一批次计），氧化镁以 60t 为一批次（不足 60 t 仍按一批次计）。掺合料的品质检测按现行国家标准和有关行业标准进行。

（5）掺合料应储存在专用仓库或储罐内，在运输和储存过程中应注意防潮，不得掺入杂物，并应有防尘措施。

4. 对外加剂的要求

水工混凝土中必须掺加适量的外加剂，常用的外加剂有普通减水剂、高效减水剂、缓凝高效减水剂、缓凝减水剂引气、减水剂、缓凝剂、高温缓凝剂、引气剂、泵送剂等。根据特殊需要也可掺用其他性质的外加剂，外加剂的品质必须符合现行国家标准和有关行业标准。

（1）外加剂的选择应根据混凝土性能的要求、施工的需要，并结合工程选定的混凝土原材料进行适应性试验，经可靠性论证和技术经济比较后，选择合适的外加剂种类和掺量。一个工程掺用同种类外加剂的品种1~2种，并由专门生产厂家供应。

（2）有抗冻要求的混凝土应掺引气剂，混凝土的含气量应根据混凝土的抗冻等级和骨料最大粒径等，通过试验确定。

（3）外加剂应配成水溶液，使用配制溶液时应称量准确，并搅拌均匀。

（4）外加剂每批产品，均应有出厂合格检测报告，使用单位应进行抽检复查。

（5）外加剂的分批次以掺量划分。掺量大于或等于1%的外加剂以100 t为一批次，掺量小于1%的外加剂以50 t为一批次，掺量小于0.01%的外加剂以1~2t为一批次，一批进场的外加剂不是一个批次数量的，应视为一批次进行检测，外加剂的检验按现行国家标准和行业标准执行。

（6）外加剂应存放在专用仓库或固定的场所妥善保管，不同品种外加剂应有标记，分别储存。粉状外加剂在运输和储存过程中应注意防水防潮，当外加剂储存时间过长、对其品质有怀疑时，必须进行试验确定。

5. 混凝土的施工技术要求

（1）拌制混凝土时，必须严格遵守实验室签发的混凝土配料单进行配料，严禁擅自更改。

（2）水泥、沙、石、掺合料均应以质量计，水及外加剂溶液可按质量折算成体积计。

（3）施工前应结合工程的混凝土配合比情况，检验拌和设备的性能，当发现不相适应时，应适当调整混凝土的配合比，但要经过试验确定。

（4）在混凝土拌和过程中，应根据气候条件定时测定沙石骨料的含水量，在降雨情况下应相应地增加测定次数，以便随时调整混凝土的加水量。

（5）在混凝土的拌和过程中，应采取措施保持沙石料的含水量稳定，沙石料含水量控制在6%以内。

（6）掺有掺合料（如粉煤灰等）的混凝土进行拌和时，掺合料可以混掺，也可以干掺，但应保持掺和均匀。

（7）如果使用外加剂，应将外加剂溶液均匀配入拌和料与水共同掺入，外加剂中的水量应包含在拌和用水之内。

（8）必须将混凝土各组分拌和均匀，拌和程序与拌和时间应通过试验确定。

（9）拌和设备应经常进行下列项目的检查。

1）拌和物的均匀性。

2）各种条件下适宜的拌和试件。

3）平衡器的准确度。

4）拌和机及叶片的磨损情况。

6. 运输的注意事项

（1）所选择的混凝土运输设备和运输能力均应与拌和浇筑能力及钢筋模板吊运的需要

相适应，以保证混凝土的质量，充分发挥设备的效率。

（2）所用的运输设备，应使混凝土在运输过程中不致发生分离、漏浆、严重泌水及过多温度回升和坍落度降低等现象。

（3）同时运输两种以上强度等级、级配或其他特征不同的混凝土时，应在运输设备上设标志，以免混淆。

（4）混凝土在运输过程中，应尽量缩短运输时间及减少转运的次数。因故停歇过久混凝土已初凝或已失去塑性时，应做废料处理，严禁在运输中和卸料时加水。

（5）在高温或低温条件下混凝土的运输工具应设置遮盖或保温设施，以避免天气、气候的变化、气温等因素影响混凝土的质量。

（6）混凝土的自由下落高度不宜大于 15 m，超过时，应采取缓降或其他措施，以防止骨料的分离。

（7）用汽车、侧翻车、侧卸车、料罐车、搅拌车及其他专用车辆输送混凝土时，应遵守下列规定。

1）运输混凝土的汽车应设专用运输道路，并保持平整。

2）装载混凝土的厚度不应小于 40cm，车厢应平滑密封、不漏浆，沙浆的损失应控制在 1% 以内，每次卸料应将所装的混凝土卸净，并应适时清洗干净，以免车厢被混凝土黏附。

3）汽车运输混凝土直接入仓时，必须有确保混凝土质量的措施。

（8）用皮带输运机运输混凝土时，应遵守下列规定。

1）混凝土的配合比应适当，增加沙率，骨料粒径不宜大于 80 mm。

2）宜选用槽型皮带机，皮带接头直接胶结，并应严格控制安装质量，力求运行平稳。

3）皮带机运行速度一般宜在 1.2 m/s 以内。皮带机的倾角应根据机型经试验确定。

4）皮带机卸料处应设置挡板、卸料导管和刮板。

5）皮带机布料均匀，堆料高度应小于 1 m。

6）应有冲洗设备及时清洗皮带上黏附的水泥沙浆，并应防止冲洗水流入仓内。

7）露天皮带机上宜搭设盖棚，以免混凝土受日照、风、雨等影响，低温季节施工应有适当的保温措施。

（9）泵送混凝土时，应遵守下列规定。

1）混凝土应加外加剂，并符合泵送的要求，进泵的坍落度一般宜在 8~18 cm。

2）最大骨料的粒径应不大于导管直径的 1/3，并不应有超大粒径骨料进入混凝土泵。

3）安装导管前，应彻底清除管内污物及水泥沙浆，并用压力水清净，安装后应注意检查，防止漏浆，在泵送混凝土之前应先在导管内通水泥沙浆。

4）应保持泵送混凝土工作的连续性，如因故中断，则应经常使混凝土泵转动，以免导管堵塞。在正常温度下，如中断间隔时间过久（超过 45min）应将存留在导管内的混凝土排出，并加以清洗。

5）泵送混凝土工作告一段落后，应及时用压力水将进料斗和导管冲洗干净。

7. 混凝土在浇筑过程中的施工技术要求

（1）建筑物地基必须经验收合格后，方可进行混凝土浇筑前的准备工作。

（2）混凝土浇筑前应详细检查有关准备工作、地基处理清基情况，检查模板钢筋预埋件及止水设施等是否符合设计要求，并做好记录。

（3）基岩面浇筑仓与老混凝土上的迎水面浇筑仓在浇筑第一层混凝土前，必须先铺一层 2~3cm 的水泥沙浆，其他舱面若不铺水泥沙浆应有专门论证。

沙浆的水灰比较混凝土的水灰比降低 0.03~0.05，一次铺设的沙浆面积应与混凝土浇筑强度相适应，铺设工艺应保证新混凝土与基岩或老混凝土结合良好。

（4）浇筑混凝土层的厚度应根据拌和能力、运输距离、浇筑速度、气温及振捣器的性能等因素确定，并分层进行，使混凝土均匀上升。

（5）流入仓内的混凝土应随浇随平仓，不得堆积于仓内。若有粗骨料堆叠，应均匀地分布于沙浆较多处，但不得用沙浆覆盖，以免造成内部蜂窝。在倾斜面上浇混凝土时，应从低处开始，浇筑面应保持水平。

（6）混凝土工作缝的处理应按下列规定进行。

1)已浇好的混凝土在强度尚未达到 2.5MPa 前不得进行上一层混凝土的浇筑准备工作。

2）混凝土表面应用压力水、风砂枪或刷毛机等加工成毛面并清洗干净，排除积水。

3）混凝土浇筑时，如表面泌水较多，应及时研究减少泌水的措施，仓内的泌水必须及时排除，严禁在模板上开孔赶水，带走灰浆。

4）混凝土应使用振捣器振捣，每一位置的振捣时间以混凝土不再显著下沉、不出现气泡并开始泛浆为准。

5）振捣器前后两次插入混凝土中的间距应不超过振捣器有效半径的 1.5 倍。

6）振捣器宜垂直插入混凝土中按顺序一次振捣，如略微倾斜，则倾斜方向应保持一致，以免漏振。

7）振捣上层混凝土时，应将振捣器插入下层混凝土 50 m 左右，以加强上下层混凝土的结合。

8）振捣器距离模板的垂直距离不应小于振捣器有效半径的 1/2，并不得触动钢筋及预埋件。

9）在浇筑仓内无法使用振捣器的部位，如止水片、止浆片等周围应辅以人工捣固，使其密实。

7. 结构物设计顶面的混凝土浇筑完毕后，应平整，其高程应符合设计要求。

8. 养护时的注意事项

（1）浇筑完混凝土后，应及时洒水养护，保持混凝土表面湿润。

（2）混凝土表面的养护要求如下。

1）养护前宜避免太阳光暴晒。

2）塑性混凝土应在浇筑完毕后 6~18 d 内开始洒水养护，低塑性混凝土宜在浇筑完后立即喷雾养护，并及早开始洒水养护。

3）混凝土养护时间不宜少于28d，有特殊要求的部位宜适当延长养护时间。

4）混凝土养护应有专人负责，并应做好养护记录。

## 第三节 闸室工程

闸在水利水电工程中应用相当广泛，可用以完成灌溉、排涝、防洪、给水等，混凝土工程量大部分在闸室，本节主要讲述闸室的部分施工。

### 一、闸室基础混凝土

闸室地基处理后，软基多先铺筑素混凝土垫层8~10 cm，以保护地基，找平基面。浇筑前应进行扎筋、立模、搭设舱面脚手架和清仓工作。

浇筑底板时运送混凝土入仓的方法很多。可以用载重汽车装载立罐通过履带式起重机入仓，也可以用自卸汽车通过卧罐、履带式起重机入仓。采用上述两种方法时，都不搭设舱面脚手架。

用手推车、斗车或机动翻斗车等运输工具运送混凝土入仓时，必须在舱面搭设脚手架和进行模板的布置。

搭设脚手架前，应先预制混凝土支柱（断面约为15 cm × 15 cm，高度略小于底板，厚面应凿毛洗净）。柱的间距，视横梁的跨度而定，然后在混凝土柱顶上架立短木柱、横梁等以组成脚手架。当底板浇筑接近完成时，可将脚手架拆除，并立即对混凝土进行抹面。板的上、下游一般都设有齿墙。浇筑混凝土时，可组成两人作业组分层浇筑。先由专业组共同浇筑下游齿墙，待齿墙浇平后，第一组由下游进行，抽出第二组去浇上游齿墙，当第一组浇到底板中部时，第二组的上游齿墙已基本浇平，然后让第二组转浇筑第二坯。当第二组浇到底板中部的，第一组已到达上游底板边缘，这时第一组再浇筑第三坯。如此连续进行，可缩短每坯间隔时间，因而可以避免冷缝的发生，提高工效，加快施工进度。

钢筋混凝土底板往往有上下两层钢筋。在进料口处，上层钢筋易被砸变形，故开始浇筑混凝土时，该处上层钢筋可暂不绑扎，待混凝土浇筑面将要到达上层钢筋位置时，再绑扎，以免因校正钢筋变形延误浇筑时间。

闸的闸室部分质量很大，沉陷量也大；而相邻的消力池，则质量较轻，沉陷量也小。如两者同时浇筑，由于不均匀沉陷，往往造成沉陷缝的较大差别，可能会将止水片撕裂。为了避免上述情况，最好先浇筑闸室部分，让其沉陷一段时间再浇消力池。但是这样对施工安排不利，为了使底板与消力池能够穿插施工，可在消力池靠近底板处留一道施工缝，将消力池分成大小两部分。在浇筑闸墩时，就可穿插浇筑消力池的大部分，当闸室已有足够沉陷后，便可浇筑消力池的小部分。在浇筑第二期消力池时，施工缝应进行凿毛、冲洗等处理。

## 二、闸墩施工

由于闸墩高度大厚度小、门槽处钢筋较密、闸墩相对位置要求严格，所以闸墩的立模与混凝土浇筑是施工中的主要难点。

### （一）闸墩模板安装

为使闸墩混凝土一次浇筑达到设计高程，闸墩模板不仅要有足够的强度，而且要有足够的刚度。所以闸墩模板安装以往采用"铁板螺栓、对拉撑木"的立模支撑方法。此法虽需耗用大量木材（对于木模板而言）和钢材、工序繁多，但对中小型水闸施工仍较为方便。由于滑模施工方法在水利工程上的应用，目前有条件的施工单位，闸墩混凝土浇筑逐渐采用滑模施工。

1. "铁板螺栓、对拉撑木"的模板安装

立模前，应准备好两种固定模板的对销螺栓：一种是两端都绞丝的圆钢，直径可选用12 mm、16 mm或19 mm，长度大于闸墩厚度，并视实际安装需要确定；另一种是一端绞丝的圆钢，另一端焊接一块5mm×40mm×40mm扁铁的螺栓，扁铁上钻两个圆孔，以便固定在对拉撑木上。还要准备好等于墩墙厚度的毛竹管或预制空心的混凝土撑头。

闸墩立模时，其两侧模板要同时相对进行。先立平直模板，次立墩头模板。在闸底板上架立第一层模板时，上口必须保持水平。在闸墩两侧模板上，每隔1 m左右钻与螺栓直径相应的圆孔，并于模板内侧对准圆孔撑以毛竹管或混凝土撑头，再将螺栓穿入，且端头穿出横向双夹围图和竖直围图，然后用螺拧紧在竖直围图上。铁板螺栓带扁铁的一端与水平对拉撑木相接，与两端均绞丝的螺栓要相间布置。对拉撑木是为了防止每孔闸墩模板的歪斜与变形。若闸墩不高，可每隔两根对销螺栓放一根铁板螺栓。

当水闸为三孔一联整体底板时，则中孔可不予支撑。在双孔底板的闸墩上，则宜将两孔同时支撑，这样可使三个闸墩同时浇筑。

2. 翻模施工

由于钢模板在水利水电工程上的广泛应用，施工人员依据滑模的施工特点，发展形成了用于闸墩施工的翻模施工法。立模时一次至少立三层，当第二层模板内混凝土浇至腰箍下缘，第一层模板内腰箍以下部分的混凝须达到脱模强度（以98 kPa为宜），这样便可拆掉第一层，去架立第四层模板，并绑扎钢筋。依此类推，保持混凝土浇筑的连续性，以避免产生冷缝。如江苏省高邮船闸，仅用了两套共630 $m^2$组合钢模，就代替了原计划四套共2 460 $m^2$木模，节约木材200$m^3$。

### （二）混凝土浇筑

闸墩模板立好后，随即进行清仓工作。用压力水冲洗模板内侧和闸墩底面，污水由底层模板上的预留孔排出。清仓完毕疏通小孔后，即可进行混凝土浇筑。

闸墩混凝土的浇筑，主要解决好两个问题：一是每块底板上闸墩混凝土的均衡上升；二是流态混凝土的入仓及仓内混凝土的铺筑。

为了保证混凝土的均衡上升，运送混凝土入仓时应很好地组织，使在同一时间运到同一底板各闸墩的混凝土量大致相同。

为防止流态混凝土由 8~10 m 高度下落时产生离析，应在仓内设置溜管，可每隔 2~3 m 设置一组。由于仓内工作面窄，浇捣人员走动困难，可把仓内浇筑面分划成几个区段，每区段内固定浇捣工人，这样可提高工效。每坯混凝土厚度可控制在 30 cm 左右。小型水闸闸墩浇筑时，工人一般可在模板外侧，浇筑组织较为简单。

### （三）基础和墩墙止水

基础和墩墙止水施工时要注意止水片接头处的连接，一般金属止水片在现场电焊或用氧气焊接，橡胶止水片多用胶结，塑料止水片用熔接（熔点 180 ℃左右），使之连结成整体。浇筑混凝土时注意止水片下翼橡皮的铺垫料，并加强振捣，防止形成孔洞。垂直止水应随墙身的升高而分段进行，止水片可以分为左右两半，交接处埋在沥青井内，以适应沉陷不均的需要。

### （四）门槽二期混凝土施工

采用平面闸门的中小型水闸，在闸墩部位都设有门槽。为了减少闸门的启闭力及闸门封水，门槽部分的混凝土中埋有导轨等铁件，如滑动导轨、主轮、侧轮及反轮导轨等。这些铁件的埋设可采取预埋及留槽后浇两种方法。小型水闸的导轨铁件较小，可在闸墩立模时将其预先固定在模板的内侧。闸墩混凝土浇筑时，导轨等铁件即浇入混凝土中。由于大、中型水闸导轨较大、较重，在模板上固定时较为困难，宜采用预留槽后浇二期混凝土的施工方法。

1. 门槽垂直度的控制

门槽及导轨必须铅直无误，所以在立模及浇筑过程中应随时用吊锤校正。校正时可在门槽模板顶端内侧，钉一根大铁钉（钉入 2/3 长度），然后把吊锤系在铁钉端部，待吊锤静止后，用钢尺量取上部与下部吊锤线到模板内侧的距离，如相等则该模板垂直，否则按照偏斜方向予以调整。

当门槽较高时，吊锤易于晃动，可在吊锤下部放一油桶，使吊锤浸于黏度较大的机油中。吊锤可选用 0.5~1 kg 的大垂球。

2. 门槽二期混凝土浇筑

在闸墩立模时，于门槽部位留出较门槽尺寸大的凹槽。闸墩浇筑时，预先将导轨基础螺栓按设计要求固定于凹槽的侧壁及正壁模板，模板拆除后基础螺栓即埋入混凝土中。导轨安装前，要对基础螺栓进行校正，安装过程中必须随时用垂球进行校正，使其铅直无误。导轨就位后即可立模浇筑二期混凝土。

闸门底槛设在闸底板上，在施工初期浇筑底板时，若铁件不能完成，亦可在闸底板上留槽以后浇二期混凝土。

浇筑二期混凝土时，应采用细骨料混凝土，并细心捣固，不要振动已装好的金属构件。门槽较高时，不要直接从高处下料，而应分段安装和浇筑。二期混凝土拆模后，应对埋件进行复测，并做好记录，同时检查混凝土表面尺寸，清除遗留的杂物、钢筋头，以免影响闸门启闭。

3. 弧形闸门的导轨安装及二期混凝土浇筑

弧形闸门的启闭是绕水平轴转动，转动轨迹由支臂控制，所以不设门槽，但为了减小启闭门力，在闸门两侧应设置转轮或滑块，因此也有导轨的安装及二期混凝土施工。为了便于导轨的安装，在浇筑闸墩时，根据导轨的设计位置预留 20 cm × 8 cm 的凹槽，槽内埋设两排钢筋，以便用焊接方法固定导轨。安装前应对预埋钢筋进行校正，并在预留槽两侧设立垂直闸墩及能控制导轨安装垂直度的若干对称控制点。安装时，先将校正好的导轨分段与预埋的钢筋临时点焊接，待按设计坐标位置逐一校正无误，并根据垂直平面控制点，用样尺检验调整导轨垂直后再电焊牢固，最后浇筑二期混凝土。

## 第四节　渡槽工程

渡槽按施工方法分为现浇式渡槽和装配式渡槽两种类型。装配式渡槽具有简化施工、缩短工期、提高质量、减轻劳动强度、节约钢木材料、降低工程造价的特点，所以被广泛采用。

### 一、砌石拱渡槽施工

砌石拱渡槽由基础、槽墩、拱圈和槽身四部分组成。基础、槽墩和槽身的施工与一般圬工结构相似。下面着重介绍拱圈的施工，其施工程序包括砌筑拱座、安装拱架、砌筑拱圈及拱上建筑、拆卸拱架等。

#### （一）拱架

砌拱时用以支承拱圈砌体的临时结构称为拱架。拱架的形式很多，按所用材料分为木拱架、钢拱架、钢管支撑拱架及土（沙）牛拱胎等。

在小跨度拱的施工中，较多地采用工具式的钢管支撑拱架，它具有周转率高、损耗小、装拆简捷的特点，可节省大量人力、物力。土（沙）牛拱胎是在槽墩之间填土（沙）层层夯实，做成拱胎，然后在拱胎上砌筑拱圈。这种方法由于不需钢材、木材，施工进度快，对缺乏木材又不太高的砌石拱是可取的。但填土质量要求高，以防止在拱圈砌筑中产生较大的沉陷。如为跨越河沟有少量流水时，可预留一泄水涵洞。

拱自重和温度影响以及拱架受荷后的压缩（包括支柱与地基的压缩、卸架装置的压缩等），都将使拱圈下沉。为此在制作拱架时，应将原设计的拱轴线坐标适当提高，以抵消拱圈的下沉值，使建成后的拱轴线与设计的拱轴线接近吻合。拱架的这种预加高度称为预留拱度，其数值可通过查有关表格得来。

### （二）主拱圈的砌筑

砌筑拱圈时，应注意施工程序和方法，以免在砌筑过程中拱架变形过大而使拱圈产生裂缝。根据经验，跨度在 8m 以下的拱圈，可按拱的全宽和全厚，自拱脚同时对称连续地向拱顶砌筑，争取一次完成。跨度在 8~15 m 的拱圈，最好先在拱脚留出空缝，从空缝开始砌至 1/3 矢高时，在跨中 1/3 范围内预压总数 20% 的拱石，以控制拱架在拱顶部分上翘。当砌体达到设计强度的 70% 时，可将拱脚预留的空缝用沙浆填塞。跨度大于 15 m 的拱圈，宜采用分环、分段砌筑。

1. 分环。当拱圈厚度较大，由 2~3 层拱石组成时，可将拱圈全厚分环（层）砌筑，即砌好一环合拢后，再砌上面一环，从而减轻拱架负担。

2. 分段。若跨度较大时，需将全拱分成数段，同时对称砌筑，以保持拱架受力平衡。砌的次序是先拱脚，后拱顶，再 1/4 拱跨处，最后砌其余各段，每段长 5~8 m。分段砌筑拱圈，须在分段处设置挡板或三角支撑，以防砌体下滑。如拱圈斜度小于 20° ，也可不设支撑，仅在拱模板上钉扒钉顶住砌体。

拱圈砌筑，在同一环中应注意错缝，缝距不小于 10 cm。砌缝面应成辐射状。当用矩形石砌筑拱圈时，可调节灰缝宽度，使其呈辐射状，但灰缝上下宽差不得超过 30%。

3. 空缝的设置。大跨度拱圈砌筑，除在拱脚留出空缝外，还需在各段之间设置空缝，以避免拱架变形过程中使拱圈开裂。

为便于缝内填塞沙浆，在砌缝不大于 15 mm 时，可将空缝宽度扩大至 30~40 mm。砌筑时，在空缝处可使用预制沙浆块、混凝土块或铸铁块间断隔垫，以保持空缝。每条空缝的表面，应在砌好后用沙浆封涂，以观察拱圈在砌筑中的变化。拱圈强度达到设计的 70% 后，即可填塞空缝。用体积比 1.1 水灰比 0.25 的水泥沙浆分层填实，每层厚约 10cm。拱圈的合拢和填塞空缝宜在低温下进行。

4. 拱上建筑的砌筑。拱圈合拢后，待沙浆达到承压强度，即可进行拱上建筑的砌筑。空腹拱的腹拱圈，宜在主拱圈落架后再砌筑以免因主拱圈下沉不均，使腹拱产生裂缝。

### （三）拱架拆除

拆架期限主要是根据合拢处的砌筑沙浆强度能否满足静荷载的应力需要确定的，具体日期应根据跨度大小、气温高低、沙浆性能等决定。

拱架卸落前，上部建筑的重量绝大部分由拱架承受，卸架后，转由拱圈负担。为避免拱圈因突然受力而发生颤动，甚至开裂，卸落拱架时，应分次均匀下降，每次降落均由拱顶向拱脚对称进行，逐排完成。待全部降完第一次后，再从拱顶开始第二次下降，直至拱架与拱圈完全脱开为止。

## 二、装配式渡槽施工

装配式渡槽施工包括预制和吊装两个施工过程。

### （一）构件的预制

1. 槽架的预制

槽架是渡槽的支承构件，为了便于吊装，一般选择在靠近槽址的场地预制。制作的方式有地面立模和砖土胎膜两种。

（1）地面立模。在平坦夯实的地面上用 1 ∶ 3 ∶ 8 的水泥、黏土、沙浆抹面，厚约 1cm，压抹光滑作为底模，立上侧模后就地浇制，拆模后，当强度达到 70% 时，即可移出存放，以便重复利用场地。

（2）砖土胎模。其底模和侧模均采用砌砖或夯实土做成，与构件的接触面用水泥、黏土、沙浆抹面，并涂上脱模剂即可。使用土模应做好四周的排水工作。

高度在 15m 以上的排架，如受起重设备能力的限制，可以分段预制。吊装时，分段定位，用焊接固定接头，待槽身就位后，再浇二期混凝土。

2. 槽身的预制

为了便于预制后直接吊接，整体槽身预制宜在两排架之间或排架一侧进行。槽身的方向可以垂直或平行于渡槽的纵向轴线，根据吊装设备和方法而定。要避免因预制位置选择不当，而在起吊时发生摆动或冲击现象。

U 形薄壳梁式槽身的预制，有正置和反置两种浇筑方式。正置浇筑是槽口向上，优点是内模板拆除方便，吊装时不需翻身，但底部混凝土不易捣实，适用于大型渡槽或槽身不便翻身的工地。反置浇筑是槽口向下，优点是捣实较易、质量容易保证，且拆模块、用料少等，缺点是增加了翻身的工序。

矩形槽身的预制，可以整体预制也可分块预制。中小型工程，槽身预制可采用砖土材料制模。

3. 预应力构件的制造

在制造装配式梁、板及柱时采取预应力钢筋混凝土结构，不仅能提高混凝土的抗裂性与耐久性，减轻构件自重，并可节约钢筋 20%~40%。预应力就是在构件使用前，预先加一个力，使构件产生应力，以抵消构件使用时荷载产生相反的应力。制造预应力钢筋混凝土构件的方法有很多，基本上分为先张法和后张法两大类。

（1）先张法。在浇筑混凝土之前，先将钢筋拉张固定，然后立模浇筑混凝土。等混凝土完成硬化后，去掉拉张设备或剪断钢筋，利用钢筋弹性收缩的作用通过钢筋与混凝土间的黏结力把压力传给混凝土，使混凝土产生预应力。

（2）后张法。后张法就是在混凝土浇好以后再张拉钢筋。这种方法是在设计配置预应力钢筋的部位，预先留出孔道，等到混凝土达到设计强度后，再穿入钢筋进行拉张，拉张锚固后，让混凝土获得压应力，并在孔道内灌浆，最后卸去锚固外面的张拉设备。

### （二）装配式渡槽的吊装

装配式渡槽的吊装工作是渡槽施工中的主要环节。必须根据渡槽的形式、尺寸、构件重量、吊装设备能力、地形和自然条件、施工队伍的素质以及进度要求等因素，进行具体分析比较，选定快速简便、经济合理和安全可靠的吊装方案。

1. 槽架的吊装

槽架下部结构有支柱、横梁和整体排架等。支柱和排架的吊装通常有垂直起吊插装和就地转起立装两种。垂直起吊插装是用起重设备将构件垂直吊离地面后插入杯形基础，先用木楔（或钢楔）临时固定，校正标高和平面位置后，再填充混凝土做永久固定。就地转起立装法，与扒杆的竖立法相同。两支柱间的横梁，仍用起重设备吊装。吊装次序由下而上，将横梁先放置在临时固定于支柱上的三角撑铁上。位置校正无误后，即焊接梁与柱连以钢筋，并浇二期混凝土，使支柱与横梁成为整体。待混凝土达到一定强度后，再将三角撑铁拆除。

2. 槽身的吊装

装配式渡槽槽身的吊装基本上可分为两类，即起重设备架立在地面上吊装和起重设备架立在槽墩或槽身上吊装。

槽身质量和起吊高度不大时，采用两台或四台独脚扒杆抬吊。当槽身起吊到空中后，用滑车组将枕头梁吊装在排架顶上。这种方法起重扒杆移行费时，吊装速度较慢。

龙门扒杆的顶部设有横梁和轨道，并装有行车。操作时应使四台卷扬机提升速度相同，并用带蝴蝶铰的吊具，使槽身四吊点受力均匀，槽身平稳上升。横梁轨道顶面要有一度坡度，以便行车在自重作用下能顺坡下滑，从而使槽身平移，在排架楔上降落就位。采用此法吊装渡槽者较多。

钢架是沿临时安放在浇短槽身顶部的滚轮托架向前移动的，在钢架首部用牵引绳拉紧并控制前进方向，同时收紧推拉索，钢架便向前移动。

## 第五节　倒虹吸工程

倒虹吸工程的种类有砌石拱倒虹吸管、钢管混凝土倒虹吸等，目前工程中应用的大都为倒虹吸管工程和大型的钢筋混凝土倒虹吸工程，也可分为现浇式倒虹吸管和装配式倒虹吸管，但大型的倒虹吸均为钢筋混凝土工程，其技术性高，质量要求也高，故要引起重视。本节只介绍现浇钢筋混凝土倒虹吸管的施工。

现浇倒虹吸管施工程序一般为放样、清基和地基处理→管座施工＋管模板的制作与安装→管钢筋的制作与安装＋管道接头止水施工→混凝土浇筑＋混凝土养护与拆模。一管座施工在清基和地基处理之后，即可进行管座施工。

1. 刚性弧形管座。刚性弧形管座通常是一次做好后，再进行管道施工的。当管径较大时，管座事先做好，在浇捣管底混凝土时，则需在内模底部设置活动口，以便进料浇捣，从某些施工实例来看，这样操作还是很方便的。还有些工程为避免在内模底部开口，采用了管座分次施工的办法，即先做好底部范围（中心角约 80°）的小弧座，以作为外模的一部分，待管底混凝土浇到一定程度时，边砌小弧座旁的浆砌管座边浇混凝土，直到砌完整个管座为止。

2. 两点式及中空式刚性管座。两点式及中空式刚性管座均事先砌好管座，在基座底部挖空处可用土模做外模。施工时，底部回填土要仔细夯实，以防止浇筑过程中，土壤产生压缩变形而导致混凝土开裂。当管道浇筑完毕投入运行时，由于底部土模压缩量远远小于刚性基础的弹性模量，因而基本处于卸荷状态，全部垂直荷载实际上由刚性管座承受。中空式管座为使管壁与管座接触面密合也可采用混凝土预制块做外模。若用于敷设带有喇叭形承口的预应力管时，则不需再做底部土模。

上述刚性弧形管座的小型弧座和两点式及中空式管座的土模施工方法大体相同。

## 一、模板的制作与安装

### （一）内模制作

1. 龙骨架。亦即内模内的支撑骨架，由 3~4 块梳形木拼成，内模的成型与支撑主要依靠龙骨架起作用，在制作每 2 m 长一节的内模时需龙骨架 4 个。圆形龙骨架结构形式视管径大小而定，一般直径小的管道（D<1.5 m）可用 3 块梳形木拼成，直径大的管道（D>1.5 m）可用 4 块梳形木拼成，在每两块梳形木之间必须设置木楔以便调整尺寸及拆模方便，整个龙骨架由 5~6cm 厚的枋木制成或用 ϕ10cm 圆木拼成即可。

2. 内模板。龙骨架拼好后，将 4 个龙骨圆圈置于装模架上，先用 3~4 块木板固定位置，然后将清好缝的散板一块一块地用 6.35~7.62 mm（2.5~3.0 英寸）的圆钉钉于骨架上，初步拼成内模圆筒毛坯，然后再用压钉销子和钉锤将每颗圆钉头打进板内 3~4mm，便于刨模。

3. 内模圆筒打齐头。每筒管内模成型后，还必须将两端打齐头，这道工序看起来很简单，但做起来较困难，特别是大管径两端打齐头更难，打得不好误差常为 2~3 cm。为了解决这个问题，可专做一个打齐头的木架，这个架子既可用于下部半圆骨架拼钉管模，又可打两端齐头，整个内模成型抛光以后，再以油灰（桐油、石灰）填塞表面缝隙、小洞，最后用废机油或肥皂水遍涂内模表面，以利拆卸，重复使用。

### （二）外模制作

外模宜定型化，其尺寸不宜过大，一般每块宽度为 40~50 cm，过大不便于安装和振捣作业。

外模定型模板制作完成后，同样要以油灰填塞表面缝隙、小洞，并用废机油或肥皂水遍涂外模内表面以利拆卸及重复使用。有些工程为使管道外形光滑美观，在外模内表面加钉铁皮，但这样做，在混凝土浇筑时，排出泌水的缝隙大为减少，养护时，模外养护水亦难以渗入混凝土表面，弊多利少，不宜采用。

### （三）内外模的拼装

当管座基础施工和内外模制作完毕后，即可安装内外模板，大型内模是用高强度混凝土垫块来支撑的，垫块高度同混凝土壁厚，本身也是管壁混凝土的一部分。为了加强垫块与管壁混凝土的结合，可将垫块外层凿毛，并做成“I”字形。垫块沿管线铺设间距为1m，尽量错开，不要布在一条直线上。内模安装完毕后，如内模之间缝隙过大，则必须在缝隙处钉一道黑铁皮或塞一废水泥袋以防漏浆。

内模拼装时，将梳形木接缝放在四个象限的45° 处，而不要将接缝布在管的正顶、正底和正侧，否则在垂直荷载作用下，内模容易产生沉陷变形。

外模是在装好两侧梯形桁架后，边浇筑混凝土边装外模的，许多管道在浇筑顶部混凝土时，为便于进料，总是在顶部（圆心角80° 左右）不装外模，致使混凝土振捣时水泥浆向两侧流淌。同时混凝土由于自重作用，在初凝期间，会向两侧下沉，因而使管顶混凝土成为全管质量薄弱带。这一问题在施工过程中应注意解决。

外模安装时还要注意两侧梯形桁架立筋布置，必须通过计算，以避免拉伸值超过允许范围，否则会导致管身混凝土松动甚至在顶部出现纵向裂缝。

近年来，由于木材短缺，一些施工单位已改用钢拖模代替木模。钢拖模优点为：

1. 施工周期短，一节管道从扎筋、装模、浇筑、拆模仅需2~3 d（木模需10~15 d）；

2. 管内壁平整光滑，设计时可以用较小的糙率减少过水断面；

3. 节约木材，一套内径D=2.1 m、长12 m的钢模用钢材6.5 t（其中钢外架2.75 t），做一套同样长的木模及施工脚手架约需杉原条32 $m^3$、钢材0.8t，1t钢枋可代替4~5 $m^3$ 木材。此处不详细介绍钢拖模的施工程序。

## 二、钢筋的安装

内模安装完成后，即可穿绕内环筋，其次是内纵筋、架立筋、外纵筋、外环筋，钢筋间距可根据设计尺寸，预先在纵筋及环筋上分别用红色油漆放好样。钢筋捆好后可按照上述顺序，依次进行绑扎。绑扎时，可以采用梅花型，隔点绑扎，扎丝一般用20~22，用于制管的每吨钢筋，约需消耗扎丝7 kg。

环形钢筋的接头位置应错开，且应布置在圆管四个象限的45° 处，架立筋亦可按梅花型设置。

一般情况下，倒虹吸管的受力钢筋应尽可能采用电焊，就在管模上进行。为确保钢筋保护层厚度，应在钢筋上放置砂浆垫块。

## 三、管道接头止水带的施工工艺

管道接头的止水设置，可以用塑料止水带或金属片止水带，此处仅介绍常用的几种止水带施工方法。

### （一）金属片（紫铜片或白铁皮）止水带的加工工艺过程

1. 下料。

2. 利用杂木加工成弧面的鼻坎槽，将每块金属片按设计尺寸放于槽内加工成弧形鼻坎，并将止水片两侧沿环向打孔，以利于混凝土搭接牢靠。

3. 用铆钉（18）连接成止水圆圈。

4. 在每个接头上再加锡焊，并注意将搭接缝隙及铆钉孔的焊缝用熔锡焊满，以防漏水。

### （二）塑料止水带的加工工艺过程

塑料止水带的加工工艺主要是接头熔接，分叙如下。

1. 凸形电炉体的制作。凸形电炉体系采用一份水泥、三份短纤维石棉，再加总用量25%左右的水搅拌均匀，压实在木盒内，这种石棉水泥制品压得越密实越不易烧裂。在凸形电炉体上部的两侧各压两条安装电炉丝的沟槽，可按照电炉丝的尺寸，选四根细钢筋，表面涂油，压在指定炉丝的位置，待石棉水泥达到一定强度后，拉出钢筋，槽即成型，石棉水泥电炉体做好后，放置10余天，便可使用。

电炉丝一般用220V、2000W的两根并联，分四股置于凸形电炉体两侧的沟槽中。

2. 止水带的熔接。把待粘接的止水带两端切削齐整，不要沾油污土等杂物，熔接时，由2~3人操作，一人负责加热器加热，并协助熔接工作，两人各持止水带的一端进行烘烤，加热约3min（180℃~200℃）。当端头呈糊状黏液下垂时（避免烤焦），随即将两个端头置于刻有止水带形浅槽的木板上，使之对接吻合，再施加压力，静置冷却即成一整体。

### （三）止水带安装

金属片、止水带或塑料止水带加工好后，擦洗干净，套在安装好的内模上，周围以架立钢筋固定位置，使其不致因浇筑混凝土而变位，浇筑混凝土时，应由专人负责，止水带周围混凝土必须密实均匀，混凝土浇完后，要使止水带的中线，对准管道接头缝中线。

### （四）沥青止水的施工方法

接头止水中有一层是沥青止水层，若采用灌注的方法不好施工，可以将沥青先做成凝固的软块，待第一节管道浇好后至第二节管模安装前，将预制好的沥青软块沿着已浇好管道的端壁从下至上一块一块粘贴，直至贴完一周为止。沥青软块应适当做厚一些，以便溶化后能填满缝隙。

软块制作过程是：

1. 溶化沥青使其成液态；

2. 将溶化的沥青倒入模内并抹平；

3. 随即将盛满沥青溶液的模子浸入冷水之中，沥青降温凝固成软状预制块。

在使用塑料止水设施中不得使沥青玷污塑料袋，因为这样会大大加速塑料的老化进程，从而缩短使用寿命。

## 四、混凝土的浇筑

在灌区建筑物中，倒虹吸管混凝土对抗拉、抗渗要求比一般结构的混凝土要严格得多。要求混凝土的水灰比一般控制在0.5~0.6，有条件时可达0.4左右。坍落度机械振捣时为4~6 cm，人工振捣不应大于6~9 cm。含砂率常用值为30%~38%，以采用偏低值为宜。为满足抗拉强度高和抗渗性强的要求，可加塑化剂、加气剂、活化剂等外加剂。

1. 浇筑顺序

为便于整个管道施工，可每次间隔一节进行浇筑，如先浇1、3、5管，再浇2、4、6管。

2. 浇筑方式

管道在完成浇筑前的检查以后，即可进行浇筑。

一般常见的倒虹吸管有卧式和立式两种。在卧式中，又可分平卧和斜卧，平卧大都是管道通过水平或缓坡地段所采用的一种方式，斜卧多用于进出口山坡陡峻地区；至于立式管道则多采用预制管安装。

（1）平卧式浇筑。此浇筑有两种方法，一种是浇筑层与管轴线平行，一般由中间向两端发展，以避免仓中积水，从而增大混凝土的水灰比。这种浇捣方式的缺点是混凝土浇筑接缝皆与管轴线平行，刚好和水压产生的拉力方向垂直，一旦发生冷缝，管道最易沿浇筑层（冷缝）产生纵向裂缝。为了克服这一缺点，有采用斜向分层浇筑的，以避免浇筑接缝与水压产生的拉力正交，当斜度较大时，浇筑接缝的长度可缩短，浇筑接缝的间隙时间也可缩短，但这样浇筑的混凝土都呈斜向增向，使沙浆和粗骨料分布不太均匀，加上振捣器都是斜向振捣，不如竖向振捣能保证质量。因此，两种浇筑方法各有利弊。

如果采用第一种浇筑方法，一定要做好浇筑前的施工组织工作，确保浇筑层的间歇时间不超过规范上的允许值。

（2）斜卧式浇筑。进出口山坡上常有斜卧式管道，混凝土浇筑时应由低处开始逐渐向高处浇筑，使每层混凝土浇筑层保持水平。

不论平卧还是斜卧，在浇筑时，都应注意两侧或周围进料均匀，保持快慢一致。否则，将产生模板位移，导致管壁厚薄不一，从而严重影响管道质量。

混凝土入仓时，若搅拌机至浇筑面距离较远，在仓前将混凝土先在拌和板上人工拌和一次，再用铁铲送入仓内。

3. 混凝土的捣实

除满足一般混凝土捣实要求外，倒虹吸混凝土浇筑还需严格控制浇捣时间和间歇时间

（自出料时算起，到上一层混凝土铺好时为止），不能超过规范允许值，以防出现冷缝，总的浇筑时间不能拖得过长。例如，一节内径 2 m 长 15 m、总方量为 50 $m^3$ 的管道，浇筑时间不宜超过 8 h。

其他如混凝土质量的控制和检查，冬季、夏季施工应注意事项，可参阅一般施工书籍。

## 五、混凝土的养护与拆模

1. 养护

倒虹吸管的养护比一般混凝土的要求更高一些，养护要做到“早”“勤”“足”。“早”就是及时洒水，混凝土初凝后，即应洒水，在夏季混凝土浇筑后 2~3 h，即用草帘、麻袋等覆盖，进行洒水养护，夜间则揭开覆盖物散热；“勤”就是昼夜不间断地洒水；“足”是指养护时间，压力管道至少养护 21 d。当气温低于 5 ℃时，不得洒水。

2. 拆模

拆模时间根据气温和模板承重情况而定。管座（若为混凝土时）、模板与管道外模为非承重模板可适当早拆，以利于养护和模板周转。管道内模为承重模板不宜早拆，一般要求在管壁混凝土强度达到 70% 后，方可拆除内模。

# 第六节 涵洞工程

涵洞按其结构形式可分为管涵（钢筋混凝土）和圬工拱涵、拱涵等，圬工拱涵有砌石、砌砖的结构，各种涵洞由于其施工技术和设计要求不同，其具体施工方法也不同。

## 一、钢筋混凝土管涵的施工技术要求

### （一）钢筋混凝土管的预制

现浇钢筋混凝土管的施工方法同前一节倒虹吸管现浇施工方法相似。此处专门介绍钢筋混凝土管的预制。

钢筋混凝土管应在工厂预制。新线施工时，可在适当地点设置圆管预制厂。预制钢筋混凝土圆管宜采用震动制管器法、悬辊法、离心法或立式挤压法。本处只介绍前两种施工方法，后两种施工方法可参考其他施工书籍。

1. 震动制管器

震动制管器是由可拆装的钢外模与附有震动器的钢内模组成。外模由两片厚约为 5mm 的钢板半圆筒（直径 2.0 m 时为三片）拼制，半圆筒用带楔的销栓连接。内模为一整圆筒，下口直径较上口直径稍小，以便取出内模。

用震动制管器制管，可在铺放水泥纸袋的地坪上施工。模板与混凝土接触的表面上应涂润滑剂（如废机油等）。钢筋笼放在内外模间固定后，先震动 10s 左右使模型密贴地坪，以防漏浆。每节涵管分 5 层灌注，每层灌好铲平后开动震动器，震至混凝土冒浆为止，再灌次 1 层，最后 1 层震动冒浆后，抹平顶面，冒浆后 2~3 min 即关闭震动器。固定销在灌注中逐渐抽出，先抽下边，后抽上边。停震抹平后，用链滑车吊起内模。起吊时应垂直，并辅以震动（震动 2~3 次，每次 1 s 左右），使内膜与混凝土脱离。内模吊起 20 cm，即不得再震动。为使吊起内膜后能移至另一制管位置，宜用龙门桁车起吊。外模在灌注 5~10 min 后拆开，如不及时拆开须至初凝后才能再拆。拆开后混凝土表面缺陷应及时修整。

用制管器制管的混凝土和易性要好，坍落度要小，一般应小于 1 cm。工作度 20~40 s，含沙率 45%~48%，5 mm 以上大粒径尽量减少，平均粒径 0.37~0.4 mm，每 $m^3$ 混凝土用水一般为 150~160kg，水泥以硅酸盐水泥或普通硅酸盐水泥为好。

震动制管器适用于制造直径 200cm、管长 100cm 以下的钢筋混凝土管节，此法制管时需分层灌注，多次震动，操作麻烦，制管时间长，但因设备简单，建厂投产快，适宜在小批量生产的预制厂中使用。

2. 悬辊法

悬辊法是利用悬辊制管机的悬辊，带动套在悬辊上的钢模一起转动，再利用钢模旋转时产生的离心力，使投入钢模内的混凝土拌和物均匀地附着在钢模的内壁上，随着投料量的增加，混凝土管壁逐渐增厚，当超过模口时，模口便离开悬辊，此时管内壁混凝土便与旋转的悬辊直接接触，钢模依靠悬辊与混凝土之间的摩擦力继续旋转，同时悬辊又对管壁混凝土进行反复辊压，促使管壁混凝土能在较短时间内达到要求的密实度和获得光洁的内表面。

悬辊法制管的主要设备为悬辊制管机钢模和吊装设备。

悬辊制管机由机架、传动变速机构、悬辊、门架、料斗、喂料机等组成。离心法所用钢模可用于悬辊法，离心法钢模的挡圈需用铸钢制造，成本高，悬辊法钢模的挡圈除可用铸钢制作外，还可采用厚钢板焊接加工制造。

悬辊制管法的操作程序如下。

（1）操纵液压阀门，拉开门架锁紧油缸，再开动门架旋转油缸，徐徐开启门架回转 90°（对于小型制管机门架的开、关可用人力操作）。

（2）将钢模吊起并浮套于悬螺机的悬辊上，此时钢模不能落在悬辊上。

（3）操纵旋转油缸，并用锁紧油缸将门架锁紧。应注意门架开启和关闭时速度必须掌握适当，开启时间一般为 20~30 s。

（4）将浮套着的管模落到悬辊上，摘去吊钩。

（5）开动电机，使悬辊转速由慢到快，稳步达到额定转速。

（6）当管模达到设计转速时，即可开动喂料机从管模后部（靠机架的一端）向前部和从前部向后部分两次均匀地喂入混凝土（如系小孔径混凝土管，料可 1 次喂完）。喂料必须均匀、适量，过量易造成管模在悬辊上跳动，严重时可能损坏机器；欠量则不能形成超高，致使辊压不实而影响混凝土质量。

（7）喂料完后继续辊压 4~5min，以形成密实光洁的管壁。

（8）停车、吊起管模、开启门架。

（9）吊出管模、养护、脱模。

悬辊法制管需用干硬性混凝土，水灰比一般为 0.30~0.36。在制管时无游离水析出，场地较清洁，生产效率比离心法高，每生产 1 根管节只需 10~15 min，其缺点是需带模养护、用钢模量较多。

### （二）管节的运输与装卸

管节混凝土的强度应大于设计标准的 70%，并经检查符合圆管成品质量标准的规定时，管节方允许装运。

管节运输可根据工地车辆和道路情况，选用汽车、拖拉机或马车等。

管节的装卸可根据工地条件使用各种起重机械或小型机械化工具，如滑车、链滑车等，亦可用人力装卸。

管节在装卸和运输过程中，应小心谨慎，勿使管节碰撞破坏。严禁由汽车内直接将管节抛下，以免造成管节破裂。

### （三）管节安装

管节安装可根据地形及设备条件采用下列方法。

1. 滚动安装法。管节在垫板上滚动至安装位置前，转动 90° 使其与涵管方向一致，略偏一侧。在管节后端用木棒拨动至设计位置，然后将管节向侧面推开，取出垫板再滚回原位。

2. 滚木安装法。把薄铁板放在管节前的基础上，摆上圆滚木 6 根，在管节两端放入半圆形承托木架，以杉木杆插入管内，用力将前端撬起，垫入圆滚木，再滚动管节至安装位置，将管节侧向推开，取出滚木及铁板，再滚回来并以撬棍仔细调整。

3. 压绳下管法。当涵洞基坑较深，需沿基坑边坡侧向将管滚入基坑时，可采用压绳下管法。

压绳下管法是侧向下管的方法之一，下管前，应在涵管基坑外 3~5 m 处埋设木桩，木桩桩径不小于 25 cm，长 2.5 m，埋深最少 1 m，桩为缠绳用。在管两端各套一根长绳，绳一端紧固于桩上，另一端在桩上缠两圈后，绳端分别由两组人或两盘绞车拉紧。下管时由专人指挥，两端徐徐松管子使其渐渐深入基坑内，再用滚动安装法或滚木安装法将管节安放于设计位置。

4. 吊车安装法。使用汽车或履带吊车安装管节甚为方便，但一般零星工点，机械台班利用率不高，宜在工作量集中的工点使用。

### （四）钢筋混凝土管涵施工注意事项

1. 管座混凝土应与管身紧密相贴，使圆管受力均匀。圆管的基底应夯填密实。

2. 管节接头采用对头拼接，接缝应不大于 1 cm，并用沥青麻絮或其他具有弹性的不透水材料填塞。

3. 管节沉降缝必须与基础沉降缝一致。

4. 所有管节接缝和沉降缝均应密实不透水。

5. 各管壁厚度不一致时，应在内壁取平。

## 二、拱圈、盖板的预制和安装

就地浇筑拱涵及盖板涵的施工方法与本章第四节的砌石拱渡槽施工方法相似。这里主要介绍拱圈、盖板的预制和安装方法。

### （一）对预制构件结构的要求

1. 拱圈和盖板预制宽度应根据起重设备、运输能力决定，但应保证结构的稳定性和刚性。

2. 拱圈构件上应设吊孔，以便起吊，吊孔应考虑设置平吊及立吊两种，安装后可用沙浆将吊孔填塞。盖板构件可设吊环，若采用钢丝绳绑捆起吊可设吊环。

3. 拱圈和盖板砌缝宽为 1 cm。

4. 拼装宽度应与设计沉降缝吻合。

### （二）预制构件常用模板

1. 木模。预制构件木模与混凝土接触的表面应平直，在拼装前，应仔细选择木模工，并将模板表面刨光。木模接缝可做成平缝、搭接缝或企口缝，当采用平缝时，应在拼缝内镶嵌塑料管（线）或在拼缝处钉以板条，在板条内压水泥袋纸，以防漏浆。

2. 土模。为了节约木材、钢材，在构件预制时，可采用土、砖模。土模分为地下式、半地下式和地上式三类。

土模宜用亚黏土，土中不含杂质，粒径应小于 15 mm，土的湿度要适当，夯筑土模时含水量一般控制在 20% 左右。

预制土模的场地必须坚实、平整。按照构件的放样位置进行拍底找平。为了减少土方挖填量，一般根据自然地坪拉线顺平即可。如场地不好，含砂多，湿度大，可以夯打厚 10 cm 的灰土（2 ∶ 8）后，再行拍实、找平。

3. 钢丝网水泥模板。用角钢做边框，直径 6mm 钢筋或直径 4mm 冷拔钢丝做横向筋，焊成骨架，铺一层钢丝网，上面抹水泥沙浆制成。

钢丝网水泥模板坚固耐用，可以周转使用，宜做成工具式模板。模板规格不宜过多，质量不能太大，便于安装和拆除，一般采用以下尺寸：模板长度 1 500 mm、2 000 mm、2500mm。

4. 翻转模板。适用于中、小型混凝土预制构件，如涵洞盖板、人行道板、缘石栏杆等。构件尺寸不宜过长，矩形板、梁长度不宜超过 4 m，宽度不宜超过 0.8 m，高度不宜超过 0.2 m。

构件中钢筋直径一般不宜超过 14 mm。

翻转模板应轻便坚固，制造简单，装拆灵活，一般可做成钢木混合模板。

### （三）构件运输

构件达到设计强度后才能搬运，常用的运输方法有以下几种。

1. 近距离搬运。可在成品下面垫放托木及滚轴沿着地面滚移，用 A 形架运输或用摇头扒杆起吊。

2. 远距离运输。可用扒杆或吊机装上汽车、拖车和平板车等运输。

### （四）构件安装

1. 检查构件及边墙尺寸，调整沉降缝。

2. 拱座接触面及拱圈两边均应凿毛（沉降缝除外）并浇水湿润，用灰浆砌筑。灰浆坍落度宜小一些，以免流失。

3. 拱圈和盖板装吊可用扒杆链滑车或吊车进行。

## 第七节　桥梁工程

桥梁的种类很多，根据不同的地理位置、作用，一般分为钢筋混凝土和强应力混凝土梁式桥、拱桥钢桥、悬索桥、斜拉桥等，一般渠系工程大部分采用拱桥、钢筋混凝土和预应力混凝土梁式桥，本节主要介绍预应力混凝土梁式桥。

### 一、一般的规定

1. 模板支架和拱架的设计原则如下。

（1）宜优先使用胶合板和钢模板。

（2）在计算荷载的作用下对模板支架及拱架结构按受力程序分别验算其强度、刚度及稳定性。

（3）模板板面之间应平整，接缝严密，不漏浆，保障结构物外露面美观、线条流畅。

（4）结构简单，制作装拆方便。

2. 浇混凝土之前，模板可采用涂刷脱模剂。外露面混凝土模板的脱模剂应采用同一品种，不得使用机油等油料，且不得污染钢筋及混凝土的施工缝处。

3. 模板支架和拱架的材料，可采用钢材、胶合板塑料和其他符合设计要求的材料制作、钢材可采用现行国家标准《碳素结构钢》（GB 700— 2006）的标准。

4. 重复使用的模板支架和拱架应经常检查、维修。

## 二、模板支架和拱架的设计

### （一）设计的一般要求

1. 模板支架和拱架的设计，应根据结构形式、设计跨径、施工组织、设计荷载的大小、地基土类别以及有关的设计施工规范进行。

2. 绘制模板支架和拱架的总装图、细部构造图。

3. 制定模板支架和拱架结构的安装使用、拆卸保养等有关技术安全的措施和注意事项。

4. 编制模板支架及拱架材料的数量。

5. 编制模板支架及拱架的设计总说明等。

### （二）模板的设计考虑的荷载

1. 荷载组合

（1）钢木模板支架及拱架的设计，可按《公路桥涵钢结构及木结构设计规范》（JTJ 025-86）的有关规定执行。

（2）计算模板支架和拱架的强度和稳定性时，应考虑作用在模板支架和拱架上的风力。设于水中的支架，尚应考虑水流压力、流冰压力和船只漂流物等冲击力荷载。

（3）组合箱形拱，如系就地浇筑，其支架和拱架的设计荷载可只考虑承受拱肋重力及施工操作时的附加荷载。

2. 稳定性要求

（1）支架的立柱应保持稳定，并且撑拉杆固定，当验算模板及其支架在自重和风荷载等作用的抗倾倒稳定性时，验算倾覆的稳定系数不得小于 1.3。

（2）支架受压构件纵向弯曲系数可按《公路桥涵钢结构及木结构设计规范》（JTJ 025-86）进行计算。

3. 强度及刚度的要求

（1）验算模板支架及拱架的刚度时，其变形值不得超过下列数值。

1）结构表面外露的模板，浇度为模板构件跨度的 1/400。

2）结构表面隐蔽的模板，浇度为模板构件跨度的 1/250。

3）支架、拱架受载后，挠曲的杆件（盖梁、纵梁）其弹性挠度为相应结构跨度的 1/400。

4）钢模板的面板变形为 1.5mm。

5）钢模板的钢模和拉箍变形为 L/500 和 B/500（其中 L 为计算跨度，B 为计算宽度）。

（2）拱架各截面的应力验算，根据拱架结构形式及所承受的荷载，验算拱顶、拱脚及 1/4 跨各截面的应力，铁件及节点的应力，同时应验算分阶段浇筑或砌浇时的强度及稳定性。验算时板拱架或桁拱架均作为整体截面考虑，验算倾覆稳定系数不得小于 1.3。

## （三）模板制作及安装的技术要求

1. 模板的制作要求

（1）钢模板的制作要求

1）钢模板宜采用标准化的组合模板。组合钢模板的拼装应符合现行国家标准《组合钢模板技术规范》（GB/T 50214—2013）。各种螺栓连接件应符合国家现行有关标准。

2）钢板板及其配件应按批准的加工图加工成品，经检验合格后方可使用。

（2）木模的制作要求

木模可在加工厂或施工现场制作，木模与混凝土接触的表面应平整光滑。多次重复使用的木模应在内侧加钉薄铁皮，木模的接缝可做成平缝、搭接缝和企口缝。当采用平缝时，应采取措施防止漏浆，保证其有足够的强度和刚度。

重复使用的木模应始终保持其表面平整、形状准确，不漏浆，木模的转角处应加嵌条或做成斜角。

（3）其他材料模板的制作要求

1）钢框覆盖面胶合板模板的版面组配宜采用错缝布置，支撑系统的强度和刚度应满足要求，吊环应采用I级钢筋制作，严禁使用冷加工钢筋，吊环计算拉应力不应大于50MPa。

2）高分子的合成材料面板、硬塑料或玻璃钢模板制作接缝必须严密，边肋及加强肋安装牢固，与模板成一整体。施工时安放在支架的横梁上，以保证承载能力及稳定。

2. 模板的安装技术要求

（1）模板与钢筋安装工作应配合进行，妨碍绑扎钢筋的模板应待钢筋安装完后安装，模板不应与脚手架连接，避免引起模板变形。

（2）安装侧模板时应防止模板移位和凸出。基础侧模可在模板外设立支撑固定，墩台梁的侧模可设立拉杆固定。浇筑在混凝土中的拉杆，应按拉杆拔出或不拔出的要求，采取相应的措施。对小型结构物可使用金属代替拉杆。

（3）模板安装完毕后，应对其平面位置顶部高程、节点联系及纵横向稳定性进行检查，签认后方可浇筑混凝土。

（4）模板在安装的过程中，必须设置防倾覆设施。

（5）当结构自重和汽车荷载产生的向下挠度超过跨径的1/1600时，钢筋混凝土梁板的底模应设预拱度，预拱度值应等于结构自重和1/2汽车荷载所产生的挠度，纵向预拱度可做成抛物线或曲线。

（6）后张拉预应力梁板应注意预应力、自重和汽车荷载等综合作用下所产生的上拱或下挠，应设置适当的预挠或预拱。

3. 滑升、提升、爬升及翻转模板的技术要求

（1）滑升模板适用于较高的墩台和吊桥、斜拉桥的索塔施工。采用滑升模板时，除应

遵守现行的《液压滑动模板施工技术规范》(GBJ113)外，还应遵守下列规定。

1）滑升模板的结构应有足够的强度、刚度和稳定性，模板高度宜根据结构物的实际情况确定，滑升模板的支承杆及提升设备应能保持模板垂直均衡上升。应检查并控制模板位置，滑升速度宜为100~300 mm/h。

2）滑升模板组装时，应使各部分尺寸的精度符合设计要求，组装完毕经全面检查试验后，才能进行浇筑。

3）滑升模板应连续进行，如因故中断，在中断前应将混凝土浇平，中断期间模板仍应连续缓慢地提升直到混凝土与模板不粘住时为止。

（2）提升模板的提升模架结构应满足使用要求。大块模板应用整体钢模板，加劲肋在满足刚度需要的基础上应进行加强，以满足使用要求。

（3）爬升及翻转模板，模板模架爬升或翻转时，混凝土强度必须满足拆模时的强度要求。

## （四）支架、拱架制作及安装的技术要求

1. 支架、拱架的制作要求

（1）支架：支架整体、杆配件、节点、地基基础和其他支撑物应进行强度和稳定验算。就地浇筑梁式桥的支架应按规范规定执行。

（2）木拱架：拱架所用的材料规格及质量应符合要求，桁架拱架在制作时，各杆件应当采用材质较强、无损伤及湿度不大的木材。夹木拱架制作时，木板长短应搭配好，纵向接头要求错开，其间距及每个断面接头应满足使用要求。面板夹木按间隔用螺栓固定，其余用铁钉与拱肋固定。

木拱的强度和刚度应满足变形要求，杆件在竖直与水平面内要用交叉杆件连结牢固，以保证稳定。木拱架制作安装时应基础牢固，立轴正直节点连接应采用可靠措施以保证支架的稳定，高拱架横向稳定应有保证措施。

（3）钢拱架。

1）常备式钢拱架纵横向距离应根据实际情况进行合理组合，以保证结构的整体性。

2）钢管拱架、排架的纵横距离应根据承受拱圈自重计算，各排架顶部的标高要符合拱圈底的轴线。为保证排架的稳定应设置足够的斜撑、剪力撑扣件和缆风绳。

2. 支架、拱架

施工预拱度和沉落的要求如下。

（1）支架和拱架应预留施工拱度，在确定施工拱度时应考虑下列因素。

1）支架和拱架承受施工荷载引起的弹性变形。

2）超静定结构由于混凝土收缩、徐变及温度变化而引起的挠度。

3）承受推力的墩台，由于墩台水平位移所引起的拱圈挠度。

4）由结构重力引起的梁或拱圈的弹性挠度，以及1/2汽车荷载引起的梁或拱圈的弹性挠度。

5）受载后由于杆件接头的挤压和卸落设备压缩而产生的非弹性变形。

6）支架基础在受载后的沉陷。

（2）为了便于支架和拱架的拆卸，应根据结构形式、承受的荷载大小及需要的卸落量，在支架和拱架的适当部位设置相应的木架、木马砂筒或千斤顶等落模设备。

3. 支架、拱架的安装技术要求

（1）支架和拱架宜采用标准化、系列化、通用化的构件拼装，无论使用何种材料的支架和拱架，均应进行施工图设计，并验算其强度和稳定性。

（2）制作木拱架、木支架对长杆件的接头应尽量减少，两相邻立柱的连接接头应尽量分设在不同的水平面上，主要压力杆的纵向连接应使用对接法，并用木夹板或铁夹板夹紧，次要构件的连接可用搭接法。

（3）安装拱架前应对拱架立柱和拱架支承面详细检查，准确调整拱架支承面和顶部标高，并复测跨度，确认无误后方可进行安装，各片拱架在同一节点处的标高应尽量一致，以便于拼装平联杆件，在风力较大的地区应设置风缆绳。

（4）支架和拱架应稳定坚固，能抵抗在施工过程中有可能发生的偶然冲撞和振动，安装时应注意以下几点。

1）支架立柱必须安装在有足够承载力的地基上，立柱底端应设垫木来分布和传递压力，并保证浇筑混凝土后不发生超过允许的沉降量。

2）支架和拱架安装完后应及时对其平面位置、顶部标高、节点连接及纵横向稳定性进行全面检查，符合要求后方可进行下一工序。

## （五）模板、支架和拱架的拆除

1. 拆除期限的原则规定

模板、支架和拱架的拆除期限应根据结构物的特点、模板部位和混凝土达到的强度来决定。

（1）非承重侧模板应在混凝土强度能保证表面及其棱角不至于因拆模而受损坏时方可拆除，一般应在混凝土抗压强度达到 2.5 MPa 时方可拆除侧模板。

（2）芯模和预留孔内模应在混凝土强度能保证其表面不发生坍陷和裂缝现象时，方可拔除。

（3）钢筋混凝土结构的承重模板支架和拱架，应在混凝土强度能承受自重力及其他可能的叠加荷载时方可拆除。当构件跨度小于 4 m 时，在混凝土强度符合设计强度标准值的 50% 后方可拆除；当构件跨度大于 4m 时，在混凝土强度符合设计强度标准值的 75% 后方可拆除。

如设计，上对拆除承重模板支架、拱架另有规定，应按照设计规定执行。

2. 拆除时的技术要求

（1）模板拆除应按设计的顺序进行，设计无规定时，应遵循先支后拆、后支先拆的顺序，拆时严禁抛扔。

（2）卸落支架和拱梁应按拟定的卸落程序进行，分几个循环卸完，卸落量开始宜小，以后逐渐增大。在纵向应对称均衡卸落，在横向应同时一起卸落。在拟定卸落程序时应注意以下几点。

1）在卸落前应在卸架设备上画好每次卸落量的标记。

2）满布式拱架卸落时，可以拱脚依次循环卸落；拱式拱架可在两支座处同时均匀卸落。

3）简支梁连续梁宜从跨中间支座依次循环卸落，悬臂梁应先卸挂梁及悬臂的支架。

4）多孔拱桥卸架时，若桥墩允许承受单孔施工荷载，可单孔卸落，否则应多孔同时卸落或各连续孔分阶段卸落。

5）卸落拱架时应设专人用仪器观测拱圈的挠度和墩台的变化情况，并详细记录，另设专人观察是否有裂缝现象。

（3）墩台模板宜在其上部结构施工前拆除。拆除模板卸落支架和拱架时，不允许用猛烈地敲打和强扭等方法进行。

（4）模板支架和拱架拆除后应维修、整理、分类，并妥善存放。

## 三、预应力混凝土工程技术要求

预应力混凝土结构的施工内容包括采用预应力筋制作的预制构件和现浇混凝土结构。

### （一）预应力筋的质量要求

1. 钢丝、钢绞线和热处理钢筋

预应力钢筋混凝土结构所采用的钢丝、钢绞线和热处理钢筋等的质量，应符合现行国家标准的规定。预应力混凝土用钢丝应符合《预应力混凝土用钢丝》（GB/T 5223— 2002）的要求，预应力混凝土用热处理钢筋应符合《预应力混凝土用热处理钢筋》（GB4463-84）的要求，其力学性能及表面质量的允许偏差按规范规定。

新产品及进口材料的质量应符合相应现行国家标准的规定。

2. 冷拉钢筋和冷拔低碳钢丝

（1）冷拉Ⅳ级钢筋可用作预应力混凝土结构的预应力筋，其力学性能应符合规定。

（2）冷拔低碳钢丝的力学性能符合规范规定。

### （二）预应力筋的检测要求

预应力筋进场应分批次验收，除应对其质量证明、包装标志和规格等进行检查外，尚需按下述规定进行检验。

1. 钢丝的检测要求

钢丝应分批检验，每批次的质量不大于60t，先从每批中抽查5%但不少于5盘，进行形状、尺寸和表面检查。如检查不合格，则将该批钢丝逐盘检查。在上述检查合格的钢丝中抽 5% 但不少于 3 盘，在每盘钢丝的两端取样进行抗拉强度、弯曲、伸长率等试验，其力学性能应符合规定要求。试验结果如有一样不合格时，不能使用并再从同一批次未试验的钢丝中取双倍数量的试样进行试验，如仍有一项不合格，则该批次产品不合格。

2. 钢绞线的检测要求

从每批钢绞线中任取 3 盘，并从每盘所选的钢绞线端部正常部位截取一根试样，进行表面质量、直径偏差和力学性能试验，如每批次不少于 3 盘，则应逐盘取出试样进行上述试验。试验结果如有一项不合格时，则不合格盘报废，并再从该批未试验过的钢绞线中取双倍数量的试样进行该不合格项的复验，如仍有一项不合格则该批次不合格。每批次检测的钢绞线质量应不大于 60 t。

3. 热处理钢筋的检测要求

（1）从每批次钢筋中抽取 10% 的盘数且不小于 25 盘，进行表面质量和尺寸偏差的检查，如不合格，则应对该批次钢筋进行逐盘检查。

（2）从每批次钢筋中抽取 10% 的盘数（不小于 25 盘）进行力学性试验，试验结果如有一项不合格，该不合格盘应报废，并再从未试验过的钢筋中取双倍数量的试样进行复验，如仍有一项不合格则该批次钢筋为不合格。

（3）每批钢筋的质量应不大于 60 t。

4. 冷拉钢筋的检测要求

冷拉钢筋应分批次进行检测，每批次质量不得大于 20 t，每批钢筋的级别和直径均应相同，每批钢筋的外观经逐根检查合格后，再从任选的两根钢筋上各取一套试件，按照现行国家标准的规定进行拉力试验、屈服强度试验、抗拉强度试验、伸长率试验和冷弯试验。如有一项试验不合格，则另取双倍数量的试件重做全部各项试验。如仍有一项试验不合格，则该批次钢筋不合格，计算冷拉钢筋的屈服强度和抗拉强度，采用冷拉前的公称截面积。钢筋冷拉后，其表面不得有裂纹和局部缩颈。冷弯试验后冷拉钢筋的外观不得有裂纹鳞落或断裂现象。

5. 冷拔低碳钢丝的检测要求

冷拔低碳钢丝应逐盘进行抗拉强度伸长率和弯曲试验。从每盘钢丝上任一端截出不少于 50mm 后再取两个试样，分别做拉力和 180° 反复弯曲试验，试验结果应符合上面各表中的要求，弯曲试验后，不得有裂纹和断裂鳞落现象。

6. 精轧螺纹钢筋的检测要求

精轧螺纹钢筋应分批进行检测，每批次质量不大于 100 t，对表面质量应逐根目测检查，外观检查合格后在每批中任选 2 根钢筋截取试件进行拉伸试验，试验结果如有一项不合格，则另取双倍数量的试件重做全部各项试验，如仍有一根试件不合格则该批钢筋为不合格。

拉伸试验的试件不允许进行任何形式的加工。

预应力筋的实际强度不得低于现行国家标准的规定，预应力筋的试验方法应按现行国家标准的规定执行。

### （三）锚具、夹具和连接器的要求

1. 预应力钢筋的锚具、夹具和连接器应具有可靠的锚固性、足够的承载能力和良好的适应性，能保证充分发挥预应力筋的强度，安全地实现预应力强拉作业，并符合现行的国家标准《预应力钢筋锚具、夹具和连接器》（CB/T 14370—2007）的规定。

2. 预应力锚具、夹具应按设计要求采用，锚具应满足分级张拉、补张拉以及放松预应力的要求，用于后张结构时锚具及其附件上宜设置压浆孔或排气孔，压浆孔应满足截面面积以保证浆液的畅通。夹具应具有良好的自锚性能、松锚性能和重复使用性能，需敲击才能松开的夹具，必须保证其对预应力筋的锚固没有影响，且对操作，人员的安全不造成危险。

3. 用于后张法的连接器必须符合锚具的性能要求，用于先张法的连接器必须符合夹具的性能要求。

4. 进场验收的规定。锚具、夹具和连接器进场时，除按出厂合格证和质量检验说明书核查其锚固性能、类别、型号、规格及数量外，还应按下列规定进行验收。

（1）外观检查，应从每批次中取 10% 的锚具且不少于 10 套，检查其外观和尺寸，如有一套表面有裂纹或超过产品标准及设计图纸规定尺寸的允许偏差，则应另取双倍数量的锚具重做检查，如仍有一套不符合要求，则应逐套检查合格后方可使用。

（2）硬度检查，应从每批次中抽取 5% 的锚具且不少于 5 套，对其中有硬度要求的零件做硬度试验，对多孔夹片式锚具的夹片每套中有硬度要求的零件做硬度试验，每套至少取 5 片，每个零件测验 3 点，其硬度应在设计要求的范围内，如有一个零件不合格，则另取双倍数量的零件重做试验，如仍有一个零件不合格则应逐个检查，合格者方可使用。

（3）静载锚固性能试验。对用于大桥等重要工程的锚具，当质量证明书不齐全、不正确和质量有疑点时，经上述两项试验合格后应从同批中抽取 6 套锚具（夹具或连接器）组成 3 个预应力筋锚具组装件，进行静载锚固性试验。如有一个试件不合格，则应另取双倍数量的锚具重做试验，如仍有一个试件不合格，则该批锚具为不合格。

对用于其他桥梁的锚具，进场验收其静载锚固性能可由锚具生产厂提供试验报告。

预应力筋锚具、夹具和连接器验收批的划分，在同种材料和同一生产工艺条件下锚具、夹具应以不超过 1000 套组为一个验收批次，连接器以不超过 500 套组为一个验收批次。

## 四、管道的技术要求

1. 一般规定

（1）在后张有黏结预应力混凝土结构件中，力筋的孔道宜由浇筑在混凝土中的刚性或半刚性管道构成，对一般工程也可采用钢管抽芯胶管抽芯及金属伸缩套管抽芯等方法进行预留。

（2）浇筑在混凝土中的管道应不允许有漏浆现象，管道应具有足够的强度，以使其在混凝土的重量作用下能保持原有的形状，且能按要求传递黏结应力。

2. 管道材料的要求

刚性或半刚性管道应是金属的，刚性管道应具有适当的形状而不出现卷曲或被压扁，半刚性管道应是波纹状的金属螺旋管。金属管道宜尽量采用镀锌材料制作。

制作半刚性波纹状金属螺旋管的钢带，应符合现行《铠装电缆冷轧钢带》（GB4175.1-84）和现行《铠装电缆镀锌钢带》（CB 4175.2-84）的有关规定，并附有合格证，钢带厚度一般不宜小于 0.3 mm。

3. 金属螺旋管的检验

（1）金属螺旋管进场时，除应按出厂合格证和质量保证书核对其类别、型号、规格及数量外，还应对其外观尺寸集中荷载下的径向刚度、荷载作用后的抗渗漏及抗弯曲渗漏等进行检验，工地自行加工制作的管道亦应进行上述检测。

（2）金属螺旋管应按批次进行检查，每批次应由同一钢带生产厂生产的同一批钢带所制造的金属螺旋管组成，累计半年或 50000m 生产量为一批，不足半年产量或 50000m 也作为一批的则取产量最多的规格。

4. 管道的其他要求

（1）在桥梁的某些特殊部位，当设计规定时，可采用符合要求的平滑钢管和高密度聚乙烯管。

（2）用作平滑的管道钢管和聚乙烯管其壁厚不得小于 2 mm。

（3）一般情况下管道的内横截面至少应是预应力筋净截面积的 2.0~2.5 倍，如果因某种原因管道与预应力筋的面积比低于给定的极限值，则应通过试验来确定其面积比。

（4）制孔采用塑胶抽芯法时，钢管表面应光滑焊接，接头应平顺，抽芯时间应通过试验确定，以混凝土的抗压强度达到 0.4~0.8 MPa 时为宜。抽拔时不应损伤结构混凝土，抽芯后，应用通孔器或压水等方法对孔道进行检查，如发现孔道堵塞或有残留物或与邻孔道相串通，应及时处理。

## 五、预应力材料的保护

1. 预应力材料必须保持清洁，在存放和搬运过程中应避免机械损伤和有害的锈蚀，进场后如需长时间存放，必须安排定期的外观检查。

2. 预应力筋和金属管道在仓库内保管时，应干燥、防潮、通风、无腐蚀气体和介质；在室外存放时，时间不宜超过 6 个月，不得直接堆放在地面上，必须采取以枕木支垫并用苫布覆盖等有效措施防止雨露和各种腐蚀性气体、介质的影响。

3. 锚具、夹具和连接器均应设专人保管，存放搬运时均应妥善保护，避免锈蚀玷污、遭受机械损伤或散失，临时性的防护措施应不影响安装操作的效果和永久性防锈措施的实施。

## 六、预应力筋的制作要求

1. 预应力筋的下料

下料长度应通过计算确定，计算时应考虑结构的孔道长度或台座长度，锚、夹具厚度，千斤顶长度，焊接接头或墩头预留量，冷拉伸长值，弹性回缩值，张拉伸长值和外露长度等因素。

钢丝束两端采用镦头锚具时，同一束中各根钢丝下料长度的相对差值，当钢丝束长度小于或等于 20 m 时不宜大于 1/3 000，当钢丝束长度大于 20 m 时不宜大于 1/5 000 且不大于 5mm。长度不大于 6m 的先张构件，当钢丝成组张拉时，同组钢丝下料长度的相对差值不得大于 2 mm。

2. 预应力筋的切断

钢丝、钢绞线、热处理钢筋、冷拉 IV 级钢筋、冷拔低碳钢丝及精轧螺纹钢筋的切断，宜采用切断机或砂轮锯，不得采用电弧切割。

3. 冷拉钢筋接头

（1）冷拉钢筋接头应在钢筋冷拉前采用一次闪光顶锻法进行对焊，焊后尚应进行热处理，以提高焊接质量。钢筋焊接后其轴线偏差不得大于钢筋直径的 1/10，且不得大于 2mm，轴线曲折的角度不得超过 4°。采用后张法张拉的钢筋焊接后应敲除毛刺，但不得减损钢筋的截面积。

对焊接头的质量检验方法应符合相关规定。

（2）预应力筋有对焊接头时，除非设计量有规定，宜将接头设置在变力较小处。在结构受拉区及在相当于预应力筋的直径 30 倍长度的区域（不小于 500 mm）范围内，对焊接头的预应力筋截面积不得超过该区段预应力筋总截面积的 25%。

（3）冷拉钢筋采用螺丝端杆锚具时，应在冷拉前焊接螺丝端杆，并应在冷拉时将螺母置于端杆端部。

4. 预应力筋镦头

预应力筋镦头锚固时，对于高强钢丝宜采用液压冷镦，对于冷拔低碳钢丝可采用冷冲镦头，对于钢筋宜采用电热镦头，但 IV 级钢筋镦头应进行电热处理，冷拉钢筋端头的镦头的热处理工作应在钢筋冷拉之前进行，否则应对镦头逐个进行张拉检查，检查时的控制应力不小于钢筋冷拉的控制应力。

# 第八节　堤防道路

堤防道路的施工主要注重两方面的技术，一是路基工程的施工质量控制，二是路面工程的施工质量控制。

## 一、路基工程的施工质量控制

路基施工前需要对堤坝进行必要的清理工作，需对所属范围内的植物、垃圾、碎石、有机杂质等进行清理掘除压实，各工序均要达到《公路路基设计规范》和《堤防工程设计规范》的标准。

旧大堤按不小于 94% 的压实度（轻击）修筑。为确保路面的施工质量，在路面基础铺设之前应对现状堤顶进行平整，并用 12 t 钢筒液压振动压路机微振平碾 6 遍。路基宽度应根据《公路工程技术标准》和设计要求的标准路基边坡的技术指标确定，帮宽厚大堤临河边坡度为 1 ： 3 左右，背河边坡度为 1 ： 3 左右。

## 二、路面工程的施工质量控制

路面工程的施工质量主要从路面结构及其标准、主要材料等几个方面来控制。

### （一）路面结构

1. 面层

路面的面层可改善路面的行车条件，坚实耐磨、平整且能防雨水渗入基层，具有抗高温变形、抗低温开裂的温度稳定性。设计要求：沥青碎石层的厚度应为 5 cm（含下封层），其中上层为 AM-10 沥青碎石细粒层厚 2 cm，下层为 AM-16 沥青碎石中立层厚 3cm。沥青碎石路面压实度应以马歇尔试验密度为标准，应达到 94%。

2. 基层

基层要有足够的强度和稳定性，设计采用石灰稳定细粒土作为基层，基层厚度为 30cm，分上下两层，各 15cm。基层土料应选用细黏性土，掺入料应选用符合要求的熟石灰粉。设计允许在上基层石灰土混合料中掺入适量水泥，具体比例为土：石灰：水泥（干重）=87 ： 10 ： 3，下基层为土：石灰（干重）=88 ： 12，具体用量在现场进行配比试验，确定其最佳掺入量，并报监理审阅。

基层灰土的压实度（重击）应达到上基层的 95%，下基层的 93%；控制要点：石灰稳定土应按试验配比进行施工，要做到拌匀充分、混合摊铺、碾压平整，养护好成型路面基层结构，其养护龄期（25℃条件下湿养 6 d，浸水 1 d）内的无侧限抗压强度达到，上基层 0.8MPa，下基层 0.5~0.7 MPa，施工时模坡应为 2%，以利于分层排除路面积水。

3. 封层及黏层

由于沥青碎石面层与基层之间有一定的空隙，须在沥青面层的下表面铺筑沥青稀料下封层，以利于层面间排水，为便于沥青路面与路缘石紧密联结，防止表面雨水顺混凝土路缘石表面下渗，应在混凝土路缘石内侧表面涂刷沥青黏层。

封层与黏层沥青稀料的稠度均应通过试验确定，并将试验情况报监理认证。

## （二）路面结构的标准

按设计要求沥青碎石面层加下封层其厚度共 5 cm，宽 600 cm。预制 $C_2O$ 素混凝土路缘石断面 10cm × 30cm，石灰土基层厚 30cm，宽 650cm。堤顶路高为 25cm，底宽的石灰石，其余为红土。路肩坡面应植草皮进行保护，路肩边坡临水面坡度为 1 ： 1.5，背水面为 1 ： 1.5。各堤段路面结构按设计图纸标准控制。

# 第四章 爆破工程

爆破是利用炸药的爆炸能量对周围的岩石、混凝土等介质进行破碎、抛掷或压缩，从而达到预定的开挖、填筑或处理工程的目的。在水利工程施工中，爆破技术被广泛应用于建筑物基础、隧洞与地下厂房的开挖，以及骨料开采、定向爆破筑坝和建筑物拆除等方面。探索爆破的机理、了解炸药的性能、正确掌握各种爆破施工技术，对加快工程进度、保证工程质量和降低工程造价等都具有十分重要的意义，本章将对爆破工程进行分析。

## 第一节 爆破的基本原理

### 一、爆破机理

介质在炸药爆炸作用下破坏，是由于炸药爆轰产生冲击波的动态作用和爆轰气体产物膨胀的准静态作用。由于问题的复杂性，目前对土岩爆破作用的理论研究大体上还处于定性分析阶段。在工程爆破设计中，采用经验和半经验的计算方法。在科学研究上，由于介质性能的差异，出现了三种不同的爆破机理假说。

1. 爆轰气体产物膨胀推力破坏论

爆轰气体产物膨胀推力破坏论不考虑爆轰在介质中引起的冲击波作用，认为爆轰气体产物膨胀所产生的巨大推力作用于药包周围的岩壁上，促使土岩质点径向移动而产生径向裂隙。如果药包附近存在自由面，则从药包中心到自由面的最短距离处，土质质点移动的阻力最小，由于各方向阻力不等而产生剪切应力，并导致剪切破坏。如果爆轰气体产物的压力在土岩开始破裂时还很大，就会使破碎后的土岩沿径向朝外抛掷。

爆轰气体产物膨胀推力破坏论比较适合于低猛度炸药、装药不耦合系数（炮孔直径与药卷直径之比值）较大条件下的波阻抗较低的土岩爆破。

2. 应力波反射破坏论

应力波反射破坏论不考虑爆轰气体产物膨胀推力作用，认为炸药爆轰时，强大的冲击波首先冲击和压缩周围介质，而后衰减为应力波，传至自由面时反射为拉伸波，当应力大于介质的动态抗拉强度时，从自由面开始向爆源方向产生片裂破坏。

应力波反射破坏论比较适合于高猛度炸药，装药不耦合系数较小条件下的波阻抗较高的岩石爆破。

3. 气体推力与应力波共同作用论

气体推力与应力波共同作用论认为，不论是爆轰气体膨胀推力所产生的剪切作用，还是应力波反射拉伸所引起的复杂应力状态，都是造成土岩，特别是硬岩破坏的重要原因。介质中最初形成的裂缝是由冲击波和应力波造成的，而后爆轰气体渗入裂缝，形成尖劈效应，使初始裂缝进一步扩展。

## 二、无限介质中的爆破作用

埋置很深的单个集中药包的爆破，可以看作无限介质的爆破，为了方便研究，将周围的介质简化为均匀介质，则药包爆炸后的破坏状况较为均匀。一般工程爆破、炸药爆轰后，气体产物温度在2500℃以上，作用在药室壁面的初始压力高达数千乃至上万兆帕，冲击压力远大于介质的动抗压强度，致使药包附近的介质粉碎（主要为硬岩）或压缩（如软岩、土），即形成粉碎（压缩）区。

这一圈层称为粉碎圈（压缩圈）。粉碎区介质消耗了冲击波的很大部分能量，致使冲击波迅速衰减为应力波，其压力已不能直接将岩石粉碎，所以粉碎区范围很小，其半径为药包半径的2~3倍。

粉碎区外紧接破碎区。在破碎区内，应力波引起的介质径向压缩导致环向拉伸。由于岩石的动抗拉强度只有动抗压强度的1/10左右，因此环向拉应力很容易超过岩石的抗拉强度而产生径向裂隙。径向裂隙发展速度为应力波波速的0.15~0.4倍。径向裂隙与粉碎区连通，爆生气体以很高的压力呈尖劈之势渗入裂隙并将其扩展。岩石中，径向裂隙一般可延伸到8~10倍药包半径处。

应力波通过后，破碎区岩石应力释放，产生与原压应力方向相反的拉伸应力而导致环向裂隙。径向裂隙和环向裂隙相互交叉、连通，越接近粉碎区，裂隙间距越小，破碎区中的岩石被纵横交错的裂隙切割成碎块。这一圈层称为破碎圈。

破碎区以外，应力波和爆生气体的准静态应力场都不能再引起岩体破坏，只能引起弹性变形。实际上，破碎区之外，应力波已衰减为地震波，统称为弹性震动区，也叫震动圈。无限介质中，球形药包爆炸对介质的破坏状态呈球形对称分布，无限介质中的药包也被称为内部作用药包。

## 三、半无限介质中的爆破作用

所谓半无限介质中的爆破，是指在药包附近存在自由面（介质与空气的接触面）的爆破。这种爆破在实际工程中是最常见的。自由面的存在，使得应力波产生的动态应力场和爆生气体产生的准静态应力场更为复杂。根据爆破试验及应力分析，两种应力场的主应力方向大体相同，因而裂隙的发展方向也大体一致，生成的裂隙群大致呈漏斗状排列。整个破坏区（包括粉碎区和破碎区）呈漏斗状，即形成爆破漏斗。如果药包能量足够大，则破坏区内的破碎岩块就会沿径向抛掷出漏斗。

## 四、影响爆破效果的因素

工程爆破效果可分为两个方面。一是工程所需的正面效果，即一般所谓爆破效果，如爆除的介质体积、爆后保留体的形状、爆后岩块块度分布、爆堆形状等。二是应尽量弱化负面效果，即一般所谓爆破公害效应，如个别飞石的飞散距离、空气冲击波与地震强度及其影响范围等。

1. 炸药威力

工程爆破中，一般用炸药的爆力和猛度来表示威力的大小。一定量的炸药，爆力愈高，炸除的体积愈多；猛度愈大，爆后岩块愈小。

2. 地质条件

不同类型的岩石，具有不同的波阻抗、弹性模量和强度，因此会产生不同的爆破效果。对于坚硬的岩石，以选用猛度或爆速高的炸药为宜；对于松软岩土，以选用爆力较高、爆容较大的炸药为宜；对于周边控制爆破，以选用临界直径较小、爆速较低的炸药为宜。爆破漏斗的形状及最小抵抗线，一般是在假定介质为匀质体的条件下按几何关系确定的。实际上，地质构造对漏斗形状及最小抵抗线均会产生一定影响，岩性愈不均匀，影响愈大。岩层中的软弱破碎带，有可能导致爆生气体过早泄漏而降低对炸药能量的有效利用，同时可能改变最小抵抗线的方向，而且破坏区边缘容易沿某条明显裂隙发展而改变漏斗的设计形状。

3. 药量分布

为了爆除一定体积的介质，既可采用少数的大药包，也可采用众多的小药包。大药包，如洞室爆破，药量集中，每个药包负担的爆落体积大，爆炸能量在爆区内的分布极不均匀，岩块大小也极不均匀。小药包，如钻孔爆破则相反，块度比较均匀。

4. 装药结构

装药结构是指炸药在药室中的分布。以钻孔爆破为例，其装药结构有连续装药、轴向间隔装药和径向间隔装药三种类型。连续装药，操作最方便，常用于没有特殊要求的开挖爆破。轴向间隔装药，因药量沿炮孔分布较均匀，故爆块较均匀，大块率较低。轴向间隔装药的间隔材料有空气、土壤和锯木屑等。孔底留有锯木屑等柔性材料的轴向间隔，可减轻乃至防止药包对孔底岩石的破坏作用，近年来已广泛应用于水工建筑物地基保护层的开挖。径向间隔装药常用于周边控爆，因为其径向间隔可降低爆轰对孔壁的冲击压力，防止孔壁外围出现粉碎区。

5. 自由面数量

自由面数量对爆破效果会产生重大影响。自由面愈多，应力波反射面也愈多，从而有利于介质破碎。一般而言，每增加一个自由面，单位体积岩石的耗药量可减少10%~20%。在基坑开挖和料场开采中，都应采用台阶爆破，以增加自由面的数量。

6. 爆破参数

爆破参数包括炸药单耗、药包间距、最小抵抗线、钻孔深度等设计参数以及参数间的相互关系。药包间距不能过大，如大于2倍最小抵抗线，药包间将留下岩埂；药包间距过小，如小于最小抵抗线，则爆岩过碎，从而造成能量浪费。

7. 堵塞

药室与地表面（或自由面）的通道必须用炮泥堵塞。堵塞的作用在于保证炸药进行完全的爆轰反应，以放出最大热量、减少有毒气体生成量；延长爆生气体的作用时间，以提高对介质的做功能力。

堵塞材料要求有较高的密实性和较高的摩擦系数。对钻孔爆破，以黏土与沙的混合材料作炮泥为佳；对洞室爆破，可在紧靠洞室部位，沿导洞堵塞2~3m的土壤，再以石渣堵至要求的长度。

8. 起爆方法

起爆材料的多样化及起爆技术的进步为提高爆破效果开辟了新的领域。适当的起爆时序不仅可大大增强爆破效果，还可大大降低爆破公害效应。对钻孔爆破，起爆药包的位置也会影响爆破效果。孔口正向起爆（雷管置于药包的孔口端，聚能穴朝下），装药方便，但爆破效果不如孔底反向起爆（雷管置于药包的孔底端，聚能穴朝向孔口）。反向起爆可提高炮孔利用率，降低大块率。

## 第二节　爆破器材

所谓爆炸，是指物质的潜能瞬时转化为作用于周围介质的机械功的过程，并伴随有声、光等效应的出现。

爆破是利用爆炸所产生的热和极高的压力，来改变或破坏周围介质的过程。爆破必须使用一定的爆破材料，它通常分为炸药和起爆材料两类。

### 一、炸药的基本概念

炸药是在外界能力激发作用下很容易发生高速化学反应，并产生大量气体和热量的物质。同时，炸药是一种能把它所集中的能量在瞬间释放出来的物质。物质能成为炸药并发生爆炸，必须具备以下三个要素。

1. 产生放热反应

炸药在爆炸瞬间释放出相当大的热量，是它对周围介质做机械功的物质基础，也是能使反应独立、高速进行的首要因素。显然，如果是吸热反应，则必须从外部补充热量，才能保证反应继续进行。

2. 反应速度快

由于反应速度快，生成的气体产物来不及扩散就被反应生成的热量加热到很高温度。这种高温气体几乎全部聚集在药室内，压力可达几万到几十万个大气压，因而具有很大的能量密度。煤在空气中获取氧，故燃烧速度缓慢，生成的热量不断扩散到大气中，能量密度只有 17.14kJ/L，所以不能形成爆炸。TNT 炸药的爆热虽只有 3971kJ/kg，但靠本身所含的氧进行反应，反应时间只有几万分之一秒，气体产物瞬间就被加热到 3000℃以上，能量密度高达 6563kJ/L。这种高温、高压和高能量密度的气体迅速膨胀，就产生了爆炸现象。

3. 生成大量气体

高速放热反应虽是爆炸的必要条件，但不是充分条件。有些化学反应，虽能迅速放出巨大热量，但因不生成大量气体，故不会产生爆炸现象。由于气体的可压缩性和膨胀系数很大，在炸药爆炸瞬间处于强烈的压缩状态，储存了极大的压缩能，因而在其膨胀过程中，可将内能释放出来，迅速转变为机械功。

炸药就是具备上述三要素的物质，通常由碳、氢、氧、氮等元素组成。

## 二、炸药的主要性能

炸药的种类、品种很多，性能各不相同。即使是同一品种的炸药，在储存一段时间后，爆炸性能也会发生变化。炸药的主要性能有安定性、敏感度和氧平衡密度等。了解和掌握炸药的性能，是安全可靠地使用炸药的基础。

1. 炸药的物理化学性能

（1）炸药的安定性

炸药在长期储存过程中，保持其原有物理、化学性质不变的能力，称为炸药的安定性，包括物理安定性和化学安定性。

1）物理安定性。物理安定性取决于炸药的物理性质，主要有吸湿、结块、挥发、渗油、老化、冻结、耐水等性能。固态硝酸铵类炸药易吸湿变潮，从而降低爆炸威力，严重时产生拒爆。含水硝酸铵类炸药易产生析晶、逸气、渗油和冻结等现象，从而降低爆炸威力乃至拒爆。

2）化学安定性。化学安定性取决于炸药的化学性质，特别是热分解作用。炸药的有效期取决于安定性。储存环境温度、湿度及通风条件等对炸药的实际有效期影响很大。

（2）炸药的敏感度

炸药是一种相对稳定的物质，仅当获得足够强度的某种形式的起始能量时，才会产生爆轰。炸药在外界能量作用下激起爆轰的过程，称为炸药的起爆。炸药起爆所需的外界能量，称为起爆冲能。炸药起爆的难易程度，称为炸药的敏感度。

有不同的起爆冲能，相应地，炸药也就有不同的敏感度，如热感度、火焰感度、冲击感度、摩擦感度、冲击波感度和爆轰感度等。炸药感度指标通过规定条件下的试验确定，该值对指导炸药的安全生产、运输、储存和使用具有重大意义。

不同的炸药，具有不同的敏感度。同一种炸药，对于不同的外能，其敏感度可能出现较大差异。对于工业炸药，常用雷管以爆轰波作为起爆冲能，故要求其爆轰感度和冲击波感度不应过低。为了生产安全，又要求工业炸药冲击和摩擦感度不能过高。

装填雷管用的起爆药，具有较高的火焰感度和冲击波感度，生产中更应注意安全。

（3）炸药的氧平衡

炸药爆炸的化学过程首先是物质分解为碳、氢、氧、氮四种主要元素，而后是可燃元素进行氧化放热反应，形成新的稳定爆生产物，如 $CO_2$、$H_2O$、CO、NOx、$H_2$、NO 和 $CH_4$ 等。产物种类、数量及热效应与炸药所含助燃元素和可燃元素的数量有着密切的关系。

炸药的氧平衡是指炸药所含氧量能将炸药中的其他元素氧化的程度。在爆炸化学反应中，若炸药内的氧元素正好将炸药中的碳、氢完全氧化为 $CO_2$、$H_2O$，而氮呈游离态 $N_2$，则称为零氧平衡。零氧平衡是最理想的状态，氧、碳、氢元素均得到充分利用，放出的热量最多，而且不会产生有毒气体。氧含量过多为正氧平衡，生成 $NO_x$，放出热量较少；含氧过少为负氧平衡，生成 CO，放出热量较少。正氧和负氧平衡均不会使炸药中的某些元素得到充分利用，导致反应热降低和产生有毒气体。

工业炸药应力求零氧平衡或微量正氧平衡，避免负氧平衡。

（4）炸药的密度

单位体积炸药的重量称为炸药的密度。随着密度的增大，炸药的爆速和猛度提高，但当密度增大到一定限度后，炸药的爆速和猛度又开始降低。

2. 炸药威力的理论指标

炸药威力即炸药做功的能力。一定质量的炸药，若初始体积为 V0，温度为 T0，压力为 P，由于爆轰过程的高速度，可视爆轰为一定容绝热过程。爆轰结束时，反应热全部放出，体积仍为 V0，但压力上升为 P，温度上升为 T。随后，爆生气体绝热膨胀，压力由 P 降至 P0，温度由 T 降至 T0，体积由 V0 膨胀至 V。

炸药爆轰做功过程的两种状态，对应着周围介质承受的两种力的作用。在定容绝热阶段，爆轰波对周围介质产生冲击波，形成动态作用，使介质在一定范围内破裂。在爆生气体绝热膨胀阶段，压力作用时间相对较长，变化较缓慢，可视为静态作用。在静态作用过程中，介质中的裂缝进一步扩展，介质破碎成块体，并获得抛掷能量。

以下五个指标综合反映了炸药的威力，即反映动态作用与静态作用的大小。

（1）爆热。lkg 或 1mol 炸药在定容条件下爆炸时放出的热量叫作爆热 QV。

（2）爆温。爆轰结束瞬间，爆轰产物在炸药初始体积内达到热平衡后的温度叫作爆温 T。

（3）爆容。lkg 炸药爆轰生成气体产物在标准状态下所具有的体积叫作爆容 V。

（4）爆压。爆轰结束瞬间，爆轰产物在炸药初始体积内达到热平衡后的压力叫作爆压 p。

（5）爆速。爆轰波传播速度叫作爆速 D。爆速与装药密度及药柱直径有关，因而在提出爆速值时，应指明相应的装药密度和药柱直径。化合炸药爆速随密度增大而提高；混合炸药则存在最佳密度，如药柱直径为 32mm 的固态硝铵类炸药的最佳密度为 0.95~1.05 g/$cm^3$，密度过大或过小，爆速均会下降。

3. 炸药威力的实用指标

在炸药威力的理论指标中，爆速可用较简单的方法准确测定，其余指标则不然。因此，在生产实践中，为比较各种炸药的威力，常采用爆力、猛度与殉爆距离等相对比较实用的指标。

（1）爆力是指炸药爆炸破坏一定量介质能力的大小。直径与高度均为 200mm 的铅铸圆柱体，中心留有直径为 25mm、深 125mm 的圆柱形孔。将受试炸药 10g 用锡箔纸作外壳制成直径为 24mm 的药柱，插入 8 号雷管后一并置于圆柱形孔底，将通过每平方厘米 144 孔筛的石英砂填满圆孔。炸药爆炸后，圆孔体积的增值叫作受试炸药的爆力（mL）。试验要求的标准环境温度为 15℃，否则应对实测值进行温度修正。

从试验方法可以看出，爆力反应炸药破坏介质体积的大小，爆力愈大，炸除介质的体积愈大。从爆力的化学、物理过程来看，爆力反映了爆生气体产物膨胀做功的能力，即反映了炸药爆轰过程的静态作用，与爆热、爆容和爆压有关。

（2）猛度是指炸药爆炸将一定量介质破坏成细块的能力。在厚度为 20mm 的底部钢板中央，放置直径为 40mm、高 60mm 的铅柱，其上再放直径为 41mm、厚 10mm 的钢板一块。受试炸药置于上层钢板上，四周用细绳固定。受试炸药以牛皮纸作外筒，直径 40mm，药量 50g，控制密度为 1g/$cm^3$，药的上面放一中心带孔纸板，8 号雷管通过纸板孔插入药内 15mm 深。

## 三、常用的几种矿用炸药

1. 铵梯炸药

它是由硝酸铵、梯恩梯、木粉、沥青和石蜡、食盐等材料配制成的混合炸药。它分为岩石铵梯炸药和煤矿铵锑炸药两类。岩石铵梯炸药有 1 号、2 号、2 号抗水、3 号抗水和 4 号抗水型五个品种。这类炸药储存保证期为 6 个月，只用于无瓦斯的岩层中爆破。煤矿铵锑炸药有 2 号、2 号抗水型，为一级安全；3 号、3 号抗水型，为二级安全。这类炸药储存保证期为 4 个月。铵梯炸药保存过期的、硬化揉不松的、水分超过 0.5% 的都禁止使用。

2. 水胶炸药和乳化炸药

它们同属含水炸药，因其成分中含有水而得名。这类炸药有明显优点：威力大，密度高，抗水性强，爆炸后烟中有毒有害气体少，爆轰感度高，传爆性能稳定，易加工，成本低，制造、运输、储存和使用安全。因此这种炸药成为煤矿大力推广使用的炸药品种。

## 第三节　爆破施工安全技术

爆破作业必然会产生爆破飞石、地震波、空气冲击波、噪声、粉尘和有毒气体等负面效应，即爆破公害。因此在爆破作业中，要研究爆破公害的产生原因、公害强度分布及其规律，并通过科学设计，采取有效的施工措施，以确保保护对象（包括人员、设备及临近的建筑物或构筑物）的安全。

### 一、爆破、起爆材料的储存与保管

1. 爆破材料应储存在干燥、通风良好、相对湿度不大于65%的仓库内，库内温度应保持在18℃~30℃。爆破材料周围5m内的范围，须清除一切树木和草皮。库房应有避雷装置，接地电阻不大于10Ω。库内应有消防设施。

2. 爆破材料仓库与民房、工厂、铁路、公路等应有一定的安全距离。炸药与雷管（导爆索）须分开储存，两库房的安全距离不应小于有关规定。同一库房内不同性质、批号的炸药应分开存放。严防虫、鼠等啃咬。

3. 炸药与雷管成箱（盒）堆放要平稳、整齐。成箱炸药宜放在木板上，堆摆高度不得超过1.7m，宽不超过2m，堆与堆之间应留有不小于1.3m的通道，药堆与墙壁间的距离不应小于0.3m。

4. 严格控制施工现场临时仓库内爆破材料的储存数量，炸药不得超过3t，雷管不得超过10000个和相应数量的导火索。雷管应放在专用的木箱内，离炸药不小于2m的距离。

### 二、装卸、运输与管理

1. 爆破材料的装卸均应轻拿轻放，不得受到摩擦、震动、撞击、抛掷或转倒。堆放时要摆放平稳，不得散装、改装或倒放。

2. 爆破材料应使用专车运输，炸药与起爆材料、硝铵炸药与黑火药均不得在同一车辆、车厢装运。用汽车运输时，装载不得超过允许载重量的2/3，行驶速度应不超过20km/h，车顶部需加以遮盖。

### 三、爆破操作安全要求

1. 装填炸药应按照设计规定的炸药品种、数量、位置进行。装药要分次装入，用竹棍轻轻压实，不得用铁棒或用力压入炮孔内，不得用铁棒在药包上钻孔以安设雷管或导爆索，必须用木棒或竹棒进行。当孔深较大时，药包要用绳子吊下，或用木制炮棍护送，不允许直接往孔内丢放药包。

2. 起爆药卷（雷管）应设置在装药全长的 1/3~1/2(从炮孔口算起）位置上，雷管应置于装药中心，聚能穴应指向孔底，导爆索只许用锋利的刀一次切割好。

3. 遇有暴风雨或闪电打雷时，应禁止装药、安设电雷管和连接电线等操作。

4. 在潮湿条件下进行爆破，药包及导火索表面应涂防潮剂加以保护，以防受潮失效。

5. 爆破孔洞的堵塞应保证要求的堵塞长度，充填密实不漏气。

6. 导火索长度应根据爆破员完成全部炮眼和进入安全地点所需的时间来确定。

## 四、爆破安全距离

1. 爆破地震

岩石爆破过程中，除对临近炮孔的岩石产生破碎、抛掷外，爆炸能量的很大部分将以地震波的形式向四周传播，导致地面震动。当爆破地震达到一定强度后，将会破坏地面建筑物，引起边坡失稳等现象。因此爆破地震位于爆破公害之首。

衡量爆破地震强度的参数主要包括质点位移、速度和加速度。其中质点震动速度与建筑物的破坏关系最密切，并且相关关系最稳定，因此国内外普遍采用质点峰值震动速度安全判据。《爆破安全规程》(GB6722—2003）对建筑物的允许质点峰值震动速度做了具体规定。

2. 爆炸空气冲击波和水中冲击波

炸药爆炸产生的高温高压气体，或直接压缩周围空气，或通过岩体裂缝及药室通道高速冲入大气并对其压缩形成空气冲击波。空气冲击波超压达到一定量值后，就会导致建筑物破坏和人体器官损伤。因此在爆破作业中，需要根据被保护对象的允许超压确定爆炸空气冲击波的安全距离。

埋入式药包爆破的爆破作用指数不超过 3 时，其空气冲击波的破坏范围比爆破震动和飞石的破坏范围小得多。因此，一般工程爆破的安全距离由爆破震动及飞石决定。

## 五、爆破公害的控制与防护

爆破公害的控制与防护是工程爆破设计中的重要内容。为防止爆破公害带来破坏，应调查周围环境，掌握人员、机械设备及重要建（构）筑物等保护对象的分布状况，并根据各种保护对象的承受能力，按照有关规范、规程规定的安全距离，确定允许爆破规模。爆破施工过程中，处于危险区的人员、设备应撤至安全区，无法撤离的建（构）筑物及设施必须予以防护。

爆破公害的控制与防护可以从爆源、公害传播途径以及保护对象三个方面采取措施。

1. 控制爆源公害强度

在爆源控制公害强度是公害防护最为积极有效的措施。

合理的爆破参数、炸药单耗和装药结构既可达到预期的爆破效果，又可避免爆炸能量过多地转化为震动、冲击波、飞石和爆破噪声等公害。采用深孔台阶微差爆破技术可有效削弱爆破震动和空气冲击波强度。合理布置岩石爆破中最小抵抗线的方向不仅可有效控制飞石的方向和距离，而且对降低与控制爆破震动、空气冲击波和爆破噪声强度也有明显效果。保证炮孔的堵塞长度与质量，针对不良地质条件采取相应的爆破控制措施，对削弱爆破公害的强度也是非常重要的。

2. 在传播途径上削弱公害强度

在爆区的开挖线轮廓进行预裂爆破或开挖减震槽，可有效降低传播至保护区岩体中的爆破地震波强度。

对爆区的临空面进行覆盖、架设防波屏可削弱空气冲击波的强度，阻挡飞石。

3. 保护对象的防护

当爆破规模已定，而在传播途径上的防护措施尚不能满足要求时，可对危险区内的建（构）筑物及设施进行直接防护。对保护对象的直接防护措施有防震沟、防护屏以及表面覆盖等。

此外，严格执行爆破作业的规章制度，对施工人员进行安全教育也是保证施工安全的重要环节。

## 六、爆破震动安全监测

1. 爆破震动安全监测是爆破安全控制的有效方法

在水利工程施工中，经常会遇到在已建（构）筑物及特殊部位（如灌浆帷幕等）附近进行开挖爆破施工的情况，而爆破地震效应会对它们产生震动破坏影响，如何避免爆破震动破坏或采用何种控制方式避免产生爆破震动破坏是人们普遍关心的问题。由于影响震动的因素太多，而且不易分析清楚，因此爆破应力波的传播规律及建筑物的破坏标准，主要采用现场试验的方法，以获得经验或半经验公式。由于影响该经验公式的因素很多，即使在同一爆区，实测经验公式也主要起宏观安全控制作用，即采用振速预报的方法来控制爆破震动对建筑物的振动破坏，但因爆破部位与建筑物的位置关系经常发生变化，地质条件变化复杂，每次爆破施工质量和爆破方式不同，以及爆破参数、爆破器材和起爆网络的变化，均可导致爆破振速发生变化，故振速预报不能替代日常监测。最为可靠的是参考经验公式预报振速，采用现场跟踪振速监测的方法，对爆破规模进行安全控制，当振速值超标时，应对保护对象进行宏观调查，判明爆破震动对保护对象的影响程度，并将信息反馈给施工单位，控制爆破施工规模。监测资料将是工程施工质量评定的依据之一，应存档备查。

2. 爆破震动安全监测的测试参量

波的传播过程是一个行进的扰动，也是能量从介质的一点传递到另一点的反映。这里有两种速度必须区分：一种是波的传播速度，它描述扰动通过介质传播的速度；另一种是质点振动的速度，它描述质点在受到波动能量扰动时，围绕平衡位置做微小振动的速度。

要完整地描述一个质点在空间内的运动状态，原则上应该确定质点的位移、速度和加速度（3个正交分量）随时间变化的过程。20世纪二三十年代以来，世界上著名的爆破研究机构进行了大量研究，认为质点振动速度与建（构）筑物破坏的关系最为密切，且相关关系稳定。故在进行爆破震动安全监测时，采用建筑物基础的最大质点振动速度作为控制爆破震动影响的评断依据是恰当的。

3. 安全标准确定

建筑物爆破震动安全控制标准的确定可通过三种方法：

（1）通过现场爆破试验确定；

（2）采用类比法选择安全控制标准；

（3）其他工程经验公式借鉴。

要确定某一特定建筑物的爆破安全控制标准，首先应考虑采用现场试验的方法确定。在没有条件时，可考虑工程条件相似的建筑物所使用的安全标准，在比较两建筑物结构形式、地质条件的异同点后，综合分析建筑物与爆源的位置关系、传播介质、地形地貌、地质构造以及爆破震动频度和量级关系，并按相关规程、规范的要求最终确定其爆破安全控制标准，即建筑物基础允许的最大爆破质点振动速度。

# 第五章　施工导流

施工导流是在修筑水利水电工程时，为了使水工建筑物能保持在干地上施工，用围堰来维护基坑，并将水流引向预定的泄水建筑物泄向下游。本章将通过施工导流、截流以及基坑排水三点进行分析。

## 第一节　施工导流

### 一、施工导流的任务

在河流上修建水工建筑物，施工期往往与通航、筏运、渔业、灌溉或水电站运行等水资源综合利用的要求发生矛盾。

水利水电工程整个施工过程中的施工导流，广义上说可以概括为“导、截、拦、蓄、泄”等工程措施，来解决施工和水流蓄泄之间的矛盾，避免水流对水工建筑物施工的不利影响，把水流全部或部分导向下游或拦蓄起来，以保证水工建筑物的干地施工和在施工期不受影响或尽可能提高施工期水资源的综合利用。

施工导流设计的任务就是：

1. 根据水文、地形、地质、水文地质、枢纽布置及施工条件等基本资料，选择导流标准，划分导流时段，确定导流设计流量；

2. 选择导流方案及导流建筑物的形式；

3. 确定导流建筑物的布置、构造及尺寸；

4. 拟定导流建筑物的修建、拆除、堵塞的施工方法以及截流、拦洪度汛和基坑排水等措施。

### 二、施工导流的概念

施工导流就是在河流上修建水工建筑物时，为了使水工建筑物在干地上进行施工，需要用围堰围护基坑，并将水流引向预定的泄水通道往下游宣泄。

## 三、施工导流的基本方法

施工导流的基本方法大体上可分为两类：一类是分段围堰法导流，水流通过被束窄的河床、坝体底孔、缺口或明槽等向下游宣泄；另一类是全段围堰法导流，水流通过河床以外的临时或永久隧洞、明渠或涵管等向下游宣泄。

除了以上两种基本导流形式以外，在实际工程中还有许多其他导流方式。如当泄水建筑物不能全部宣泄施工过程中的洪水时，可采用允许基坑被淹的导流方法，在山区性河流上，水位暴涨暴落，采用此种方法可能比较经济；有的工程利用发电厂房导流；在有船闸的枢纽中，利用船闸闸室进行导流；在小型工程中，如果导流设计流量较小，可以穿过基坑架设渡槽来宣泄导流流量等。

## 四、相关知识

河流上修建水利水电工程时，为了使水工建筑物能在干地上进行施工，需要用围堰围护基坑，并将河水引向预定的泄水通道往下游宣泄，这就是施工导流。施工导流的基本方法大体上可分为两类：一类是分段围堰法导流，水流通过被束窄的河床、坝体底孔、缺口或明槽等往下游宣泄；另一类是全段围堰法导流，水流通过河床外的临时或永久的隧洞、明渠或河床内的涵管等往下游宣泄。

### （一）分段围堰法导流

分段围堰法亦称分期围堰法，就是用围堰将水工建筑物分段分期围护起来进行施工的方法。两段两期导流首先在右岸进行第一期工程的施工，河水由左岸的束窄河床宣泄。一般情况下，在修建第一期工程时，为使水电站、船闸早日投入运行，满足初期发电和施工通航的要求，应考虑优先建造水电站、船闸，并在建筑物内预留底孔或缺口。到第二期工程施工时，河水即经由这些底孔或缺口等下泄。对于临时底孔，在工程接近完工或需要蓄水时要加以封堵。

所谓分段，就是在空间上用围堰将建筑物分成若干施工段进行施工。所谓分期，就是在时间上将导流分为若干时期。导流的分期数和围堰的分段数并不一定相同。因为在同一导流分期中，建筑物可以在一段围堰内施工，也可以同时在两段围堰中施工。必须指出，段数分得越多，围堰工程量越大，施工也越复杂；同样，期数分得越多，工期有可能拖得越长。因此，在工程实践中，二段二期导流采用得最多。只有在比较宽阔的河道上施工，不允许断航或其他特殊情况下，才采用多段多期的导流方法。

采用分段围堰法导流时，纵向围堰位置的确定，也就是河床束窄程度的选择是关键性问题之一。在确定纵向围堰的位置或选择河床的束窄程度时，应重视下列问题：束窄河床的流速要考虑施工通航、筏运、围堰和河床防冲等方面的要求，不能超过允许流速，各段主体工程的工程量、施工强度要比较均衡；便于布置后期导流用的泄水建筑物，不致使后期围堰过高或截流落差过大，造成截流困难。

束窄河床段的允许流速，一般取决于围堰及河床的抗冲允许流速，但在某些情况下，也可以允许河床被适当加深，或预先将河床挖深、扩宽，采取防冲措施。在通航河道上，束窄河段的流速、水面比降、水深及河宽等还应与当地航运部门共同协商研究来确定。

分段围堰法导流一般适用于河床宽、流量大、施工期较长的工程，尤其在通航河流和冰凌严重的河流上。这种导流方法的导流费用低，国内一些大、中型水利水电工程采用较广，我国湖北葛洲坝、江西万安、辽宁桓仁、浙江富春江等枢纽在施工中，都采用过这种导流方法。分段围堰法导流，前期都利用束窄的河道导流，后期要通过事先修建的泄水道导流，常见的导流方式有以下两种。

1. 底孔导流

底孔导流时，应事先在混凝土坝体内修好临时底孔或永久底孔，导流时让全部或部分导流流量通过底孔宣泄到下游，保证工程继续施工。若为临时底孔，则在工程接近完工或需要蓄水时加以封堵，这种导流方法在分段分期修建混凝土坝时用得较普遍。

当采用临时底孔时，底孔的尺寸、数目和布置，要通过相应的水力学计算决定。其中，底孔的尺寸在很大程度上取决于导流的任务（过水、过木、过船），以及水工建筑物的结构特点和封堵用闸门设备的类型。底孔的布置应满足截流、围堰工程以及本身封堵等的要求。如底坎高程布置较高，截流时落差就大，围堰也高，但封堵时的水头较低，封堵就容易些，一般底孔的底坎高程应布置在枯水位之下，以保证枯水期泄水。当底孔数目较多时，可以把底孔布置在不同高程，封堵时从最低高程的底孔堵起，这样可以减少封堵时所承受的水压力。临时底孔的断面多采用矩形，为了改善孔周的应力状况，也可采用有圆角的矩形。按水工结构要求，孔口尺寸应尽量小，但若导流流量较大或有其他要求时，也可采用尺寸较大的底孔。底孔导流的优点是挡水建筑物上部的施工可以不受水流干扰，有利于均衡、连续施工，这对修建高坝特别有利，若坝体内设有永久底孔可用来导流时，更为理想。底孔导流的缺点是：坝体内设置了临时底孔，钢材用量增加；如果封堵质量不好，会削弱坝的整体性，还可能漏水；在导流过程中，底孔有被漂浮物堵塞的危险；封堵时，由于水头较高，安放闸门及止水等均较困难。

2. 坝体缺口导流

在混凝土坝施工过程中，当汛期河水暴涨暴落，其他导流建筑物又不足以宣泄全部流量时，为了不影响施工进度，使大坝在涨水时仍能继续施工，可以在未建成的坝体上预留缺口，以便配合其他导流建筑物宣泄洪峰流量。待洪峰过后，上游水位回落，再继续修筑缺口。所留缺口的宽度和高度取决于导流设计流量、其他泄水建筑物的泄水能力、建筑物的结构特点和施工条件等。当采用底坎高程不同的缺口时，为避免高低缺口单宽泄量相差过大而引起高缺口向低缺口的侧向泄流，造成斜向卷流，使压力分布不均，需要适当控制高低缺口间的高差。根据柘溪工程的经验，其高差以不超过 4 m 为宜。

在修建混凝土坝，特别是大体积混凝土坝时，这种导流方法由于比较简单而常被采用。

### （二）全段围堰法导流

全段围堰法导流，就是在河床主体工程的上下游各建一道拦河围堰，使河水经河床以外的临时泄水道或永久泄水建筑物下泄，主体工程建成或接近建成时，再将临时泄水道封堵。

采用这种导流方式，当在大湖泊出口处修建闸坝时，有可能只筑上游围堰，将施工期间的全部来水拦蓄于湖泊中。另外，在坡降很陡的山区河道上，若泄水道出口的水位低于基坑处河床高程时，也无须修建下部围堰。

全段围堰法导流的泄水道类型有以下几种。

1. 隧洞导流

隧洞导流是指在河岸中开挖隧洞，在基坑上下游修筑围堰，河水经由隧洞下泄。

导流隧洞的布置，取决于地形、地质、枢纽布置以及水流条件等因素，具体要求和水工隧洞类似。但必须指出，为了提高隧洞单位面积的泄流能力，减小洞径，应注意改善隧洞的过流条件。隧洞进出口应与上下游水流相衔接，与河道主流的交角以 30° 左右为宜；隧洞最好布置成直线，若有弯道，其转弯半径以大于五倍洞宽为宜，否则，因离心力作用会产生横波，或因流线折断而产生局部真空，影响隧洞泄流。隧洞进出口与上下游围堰之间要有适当距离，一般宜大于 50m，以防隧洞进出口水流冲刷围堰的迎水面。如河北官厅水库洞口离截流围堰太近，堰体防渗层受进洞主流冲刷，致使两次截流闭气未获成功。一般导流临时隧洞，若地质条件良好，多不做专门衬砌。为降低糙率，应推广光面爆破，以提高泄水量，降低隧洞造价。一般来说，糙率 n 值减小 7%~15%，可使隧洞造价降低 2%~6%。

一般山区河流，河谷狭窄，两岸地形陡峻，山岩坚实，采用隧洞导流较为普遍。但由于隧洞的泄水能力有限，汛期洪水宣泄常需另找出路，如允许基坑淹没或与其他导流建筑物联合泄流。隧洞是造价比较高昂和施工比较复杂的建筑物，因此，导流隧洞最好与永久隧洞相结合，统一布置，合理设计。通常永久隧洞的进口高程较高，而导流隧洞的进口高程比较低，此时，可开挖一段低高程的导流隧洞与永久隧洞低高程部分相连，导流任务完成后，将导流隧洞进口段堵塞，不影响永久隧洞运行，这种布置俗称“龙抬头”。例如，我国云南毛家村水库的导流隧洞就与永久泄洪隧洞结合起来进行布置。只有当条件不允许时，才专为导流开挖隧洞，导流任务完成后还需将它堵塞。

2. 明渠导流

明渠导流指在河岸上开挖渠道，在基坑上下游修筑围堰，河水经渠道下泄。

导流明渠的布置，一定要保证水流顺畅、泄水安全、施工方便、缩短轴线、减少工程量。明渠进出口应与上下游水流相衔接，与河道主流的交角以 30° 左右为宜；为保证水流畅通，明渠转弯半径应大于五倍渠底宽度；明渠进出口与上下游围堰之间要有适当的距离，一般以 50~100 m 为宜，以防明渠进出口水流冲刷围堰的迎水面；此外，为减少渠中水流向基坑内入渗，明渠水面到基坑水面之间的最短距离以大于 2.5H 为宜，其中，H 为明渠水面与基坑水面的高差，以m计。

明渠导流，一般适用于岸坡平缓的河道，如果当地有老河道可资利用，或工程修建在河流的弯道上，可裁弯取直开挖明渠，若能与永久建筑物相结合则更好，如埃及的阿斯旺坝就是利用了水电站的引水渠和尾水渠进行施工导流的，此时采用明渠导流，常比较经济合理。

3.涵管导流

涵管导流一般在修筑土坝、堆石坝工程中采用。

涵管通常布置在河岸岩滩上，其位置常在枯水位以上，这样可在枯水期不修围堰或只修小围堰而先将涵管筑好，然后再修上、下游全段围堰，将河水引经涵管下泄。

涵管一般是钢筋混凝土结构，当有永久涵管可资利用时，采用涵管导流是合理的。在某些情况下，可在建筑物岩基中开挖沟槽，必要时加以衬砌，然后封上混凝土或钢筋混凝土顶盖，形成涵管。利用这种涵管导流往往可以获得经济、可靠的效果。由于涵管的泄水能力较低，因此，一般仅用于导流量较小的河流上或只用来担负枯水期的导流任务。

必须指出，为了防止涵管外壁与坝身防渗体之间的接触渗流，可在涵管外壁每隔一段距离设置截流环，以延长渗径，降低渗降坡岸，减少渗流的破坏作用。此外，必须严格控制涵管外壁防渗体填料的压实质量，涵管管身的温度缝中的止水也必须认真修筑。

以上按分段围堰法和全段围堰法分别介绍了施工导流的几种基本方法。在实际工作中，由于枢纽布置和建筑物形式的不同以及施工条件的影响，必须灵活应用，进行恰当的组合，才能比较合理地解决一个工程在整个施工期间的施工导流问题。

底孔和坝体缺口泄流并不只适用于分段围堰法导流，在全段围堰法后期导流时常有应用；隧洞和明渠泄流同样并不只适用于全段围堰法导流，在分段围堰法后期导流时也常有应用。因此，选择一个工程的导流方法，必须因时因地制宜，绝不能机械地套用。

另外，实际工程中所采用的导流方法和泄水建筑物的形式，除了上面提到的以外，还有其他多种形式。例如，当选定的泄水建筑物不能全部宣泄施工期间的洪水时，可以允许围堰过水，采用淹没基坑的导流方法，这在山区河道水位暴涨暴落的条件下，往往是比较经济合理的；在平原河道河床式电站枢纽中，可利用电站厂房导流；在有船闸的枢纽中，可利用船闸的闸室导流；在小型工程中，如果导流设计流量较小，可以穿过基坑架设渡槽来宣泄施工流量等。

### （三）导流时段的划分

在工程施工过程中，不同阶段可以采用不同的施工导流方法和挡水泄水建筑物。不同导流方法组合的顺序，通常称为导流程序。导流时段指按照导流程序所划分的各施工阶段的延续时间。导流设计流量只有待导流标准与导流时段划分后，才能相应地确定。

在我国，按河流的水文特征可分为枯水期、中水期和洪水期。在不影响主体工程施工的条件下，若导流建筑物只负担枯水期的挡水泄水任务，显然可大大减少导流建筑物的工程量，改善导流建筑物的工作条件，具有明显的技术经济效果。因此，合理划分导流时段，明确不同时段导流建筑物的工作条件，是既安全又经济地完成导流任务的基本要求。

导流时段的划分与河流的水文特征、水工建筑物的布置和形式、导流方案、施工进度有关。土坝、堆石坝等一般不允许过水，因此，当施工期较短，而洪水来临前又不能完建时，导流时段就要考虑以全年为标准。其导流设计流量，就应按导流标准选择相应洪水重现期的年最大流量。如安排的施工进度能够保证在洪水来临前使坝身起拦洪作用，则导流时段应为洪水来临前的施工时段，导流设计流量则为该时段内按导流标准选择相应洪水重现期的最大流量。当采用分段围堰法导流，中后期用临时底孔泄流来修建混凝土坝时，一般宜划分为三个导流时段：第一时段，河水由束窄的河床通过，进行第一期基坑内的工程施工；第二时段，河水由导流底孔下泄，进行第二期基坑内的工程施工；第三时段，坝体全面升高，可先由导流底孔下泄，底孔封堵以后，则河水由永久泄水建筑物下泄，也可部分或完全拦蓄在水库中，直到工程完建。在各时段中，围堰和坝体的挡水高程和泄水建筑物的泄水能力，均应按相应时段内洪水重现期的最大流量作为导流设计流量进行设计。

山区内河流的特点是洪水期流量特别大，历时短，而枯水期流量特别小，因此，水位变幅很大。例如，上犹江水电站，坝型为混凝土重力坝，坝体允许过水，其所在的河道正常水位时水面宽仅 40 m，水深 6~8 m，当洪水来临时河宽增加不大，但水深增加到 18m。若按一般导流标准要求设计导流建筑物，不是挡水围堰修得很高，就是泄水建筑物的尺寸很大，而使用期又不长，这显然是不经济的。在这种情况下，可以考虑采用允许基坑淹没的导流方案，就是大水来临时围堰过水，基坑淹没，河床部分停工，待洪水退落、围堰能够挡水时再继续施工。这种方案，由于基坑淹没引起的停工天数不多，对施工进度影响不大，而导流费用却能大幅降低，因此是经济合理的。

### （四）导流方案的选择

一个水利水电枢纽工程的施工，从开工到完建往往不是采用单一的导流方法，而是几种导流方法组合起来配合运用，以取得最佳的技术经济效果。这种不同导流时段不同导流方法的组合，通常就称为导流方案。

导流方案的选择受各种因素的影响，必须在周密研究各种影响因素的基础上，拟订几个可能的方案，进行技术经济比较，从中选择技术经济指标优越的方案。

选择导流方案时，应考虑的主要因素如下。

1. 水文条件。河流的流量大小、水位变化的幅度、全年流量的变化情况、枯水期的长短、汛期洪水的延续时间、冬季的流冰及冰冻情况等，均直接影响导流方案的选择。一般来说，对于河床宽、流量大的河流，宜采用分段围堰法导流；对于水位变化幅度大的山区河流，可采用允许基坑淹没的导流方法，在一定时期内通过过水围堰和基坑来宣泄洪峰流量。对于枯水期较长的河流，充分利用枯水期安排工程施工是完全必要的；但对于枯水期不长的河流，如果不利用洪水期进行施工就会拖延工期。对于有流冰的河流，应充分注意流冰的宣泄问题，以免流冰壅塞，影响泄流，造成导流建筑物出现事故。

2. 地形条件。坝区附近的地形条件，对导流方案的选择影响很大。对于河床宽阔的河流，尤其在施工期间有通航、过筏要求的河流，宜采用分段围堰法导流。当河床中有天然石岛或沙洲时，采用分段围堰法导流更有利于导流围堰的布置，特别是纵向围堰的布置。例如，黄河三门峡水利枢纽的施工导流，就曾巧妙地利用黄河激流中的人门岛、神门岛及其他石岛来布置一期围堰，取得了良好的技术经济效果。在河段狭窄、两岸陡峻、山岩坚实的地区，宜采用隧洞导流。至于平原河道，河流的两岸或一岸比较平坦，或高河湾、老河道可资利用时，则宜采用明渠导流。

3. 地质及水文地质条件。河道两岸及河床的地质条件对导流方案的选择与导流建筑物的布置有直接影响。若河流两岸或一岸岩石坚硬、风化层薄且抗压强度足够时，则选用隧洞导流较有利。如果岩石的风化层厚且破碎，或有较厚的沉积滩地，则适合采用明渠导流。当采用分段围堰法导流时，由于河床的束窄，减小了过水断面的面积，使水流流速增大，这时，为了使河床不受过大的冲刷，避免把围堰基础掏空，应根据河床地质条件来决定河床可能束窄的程度。对于岩石河床，其抗冲刷能力较强，河床允许束窄程度较大，甚至有的达到 88%，流速可增加到 7.5 m/s。但对覆盖层较厚的河床，其抗冲刷能力较弱，束窄程度多不到 30%，流速仅允许达到 3.0 m/s。此外，所选择围堰形式、基坑是否允许淹没、能否利用当地材料修筑围堰等，也都与地质条件有关。水文地质条件则对基坑排水工作和围堰形式的选择有很大关系。因此，为了更好地进行导流方案的选择，要对地质和水文地质勘测工作提出专门要求。

4. 水工建筑物的形式及其布置。水工建筑物的形式和布置与导流方案的选择相互影响，因此，在决定水工建筑物的形式和布置时，应该同时考虑并拟订导流方案，而在选定导流方案时，则应该充分利用建筑物形式和枢纽布置方面的特点。

如果枢纽组成中有隧洞、渠道、涵管、泄水孔等永久泄水建筑物，在选择导流方案时应该尽可能加以利用。在设计永久泄水建筑物的断面尺寸并拟订其布置方案时，应该充分考虑施工导流的要求。

采用分段围堰法修建混凝土坝枢纽时，应当充分利用水电站与混凝土坝之间或混凝土坝溢流段和非溢流段之间的隔墙，将其作为纵向围堰的一部分，以降低导流建筑物的造价。在这种情况下，对于第一期工程所修建的混凝土坝，应该核算它是否能够布置二期工程导流的底孔或预留缺口。例如，三峡水利枢纽溢流坝段的宽度，主要就是由二期导流条件所控制的。与此同时，为了防止河床冲刷过大，还应核算河床的束窄程度，保证有足够的过水断面来宣泄施工流量。

就挡水建筑物的形式来说，土坝、土石混合坝和堆石坝的抗冲能力小，除采用特殊措施外，一般不允许从坝身过水，因此，多利用坝身以外的泄水建筑物如隧洞、明渠等或坝身范围内的涵管来导流。这时，通常要求在一个枯水期内将坝身抢筑到拦洪高程以上，以免水流漫顶，发生事故。至于混凝土坝，特别是混凝土重力坝，由于抗冲刷能力较强，允许流速可达 25 m/s，故不但可以通过底孔泄流，而且可以通过未完建的坝身过水，使导流方案选择的灵活性大大增加。

5. 施工期间河流的综合利用。施工期间，为了满足通航、筏运、供水、灌溉、渔业或水电站运行等的要求，使导流问题的解决更加复杂。如前所述，在通航河道上，大多采用分段围堰法导流。它要求河流在束窄以后，河宽仍能便于船只的通行，水深要与船只吃水深度相适应，束窄断面的最大流速一般不得超过 2.0 m/s，特殊情况需与当地航运部门协商研究确定。对于浮运木筏或散材的河流，在施工导流期间，要避免木材重塞泄水建筑物的进口，或者堵塞束窄河床。

在施工中后期，水库拦洪蓄水时，要注意满足下游供水、灌溉用水和水电站运行的要求。有时为了保证渔业的要求，还要修建临时过鱼设施，以便鱼群能正常洄游。

6. 施工进度、施工方法及施工场地布置。水利工程的施工进度与导流方案密切相关，通常是根据导流方案安排控制性进度计划。在水利枢纽施工导流过程中，对施工进度起控制作用的关键性时段主要有：导流建筑物的完工期限、截断河床水流的时间、坝体拦洪的期限、封堵临时泄水建筑物的时间，以及水库蓄水发电的时间等。各项工程的施工方法和施工进度直接影响到各时段中导流任务的合理性和可能性。例如，在混凝土坝枢纽中，采用分段围堰施工时，若导流底孔没有建成，就不能截断河床水流或全面修建第二期围堰，若坝体没有达到一定高程且没有完成基础及坝身纵缝接缝灌浆，就不能封堵底孔或水库蓄水等。因此，施工方法、施工进度与导流方案是密切相关的。

此外，导流方案的选择与施工场地的布置亦相互影响。例如，在混凝土坝施工中，当混凝土生产系统布置在一岸时，以采用全段围堰法导流为宜。若采用分段围堰法导流，则应以混凝土生产系统所在的一岸作为第一期工程，因为这样两岸施工交通运输问题比较容易解决。

在选择导流方案时，除了综合考虑以上各方面因素以外，还应使主体工程尽可能及早发挥效益，简化导流程序，降低导流费用，使导流建筑物既简单易行，又适用可靠。

## 第二节　截流

### 一、截流的施工过程

截流过程包括戗堤进占、龙口部位的加固、合龙、闭气。

在施工导流中，只有截断原河床水流，才能最终把河水引向导流泄水建筑物下泄，在河床中全面开展主体建筑物的施工，这就是截流。截流实际上是在河床中修筑横向围堰工作的一部分。在大江大河中截流是一项难度比较大的工作。

截流施工的过程一般为：先在河床的一侧或两侧向河床中填筑截流戗堤，这种向水中筑堤的工作叫作进占。戗堤填筑到一定程度，把河床束窄，形成流速较大的龙口。封堵龙口的工作称为合龙。在合龙开始以前，为了防止龙口河床或戗堤端部被冲毁，须采取防冲措施对龙口加固。合龙以后，龙口部位的戗堤虽已高出水面，但其本身依然漏水，因此须在其迎水面设置防渗设施。在戗堤全线上设置防渗设施的工作叫作闭气。所以，整个截流过程包括戗堤的进占、龙口范围的加固、合龙和闭气等工作。截流以后，再在这个基础上，对戗堤进行加高培厚，直至达到围堰设计要求。

截流在施工导流中占有重要地位，如果截流不能按时完成，就会延误整个河床部分建筑物的开工日期，如果截流失败，失去了以水文年计算的良好截流时机，则可能拖延工期达一年。所以在施工导流中，常把截流看作一个关键性问题，它是影响施工进度的一个控制项目。

截流之所以被重视，还因为截流本身无论在技术上和施工组织上都具有相当的艰巨性和复杂性。为了胜利截流，必须充分掌握河流的水文特性和河床的地形、地质条件，掌握在截流过程中水流的变化规律及其对截流的影响。为了顺利进行截流，必须在非常狭小的工作面上以相当大的施工强度在较短的时间内进行截流的各项工作，为此必须严密组织施工。对于大河流的截流工程，事先必须进行缜密的设计和水工模型试验，对截流工作做出充分的论证。此外，在截流开始之前，还必须切实做好器材、设备和组织上的充分准备。

长江葛洲坝工程于 1981 年 1 月仅用 35.6h 时间，在 4720$m^2$/s 流量下胜利截流，为在大江大河上进行截流，积累了丰富的经验。1997 年 11 月三峡工程大江截流和 2002 年 11 月三峡工程三期导流明渠截流的成功，标志着中国截流工程的实践已经处于世界先进水平。

## 二、截流的基本方法

截流的基本方法有立堵法和平堵法两种。

1. 立堵法截流

立堵法截流是将截流材料，从龙口一端向另一端或从两端向中间抛投进占，逐渐束窄龙口，直至全部拦断。截流材料通常用自卸汽车在进占戗堤的端部直接卸料入水，个别巨大的截流材料也有用起重机、推土机投放入水的。

立堵法截流不需要在龙口架设浮桥或栈桥，准备工作比较简单，费用较低。但截流时龙口的单宽流量较大，出现的最大流速较高，而且流速的分布很不均匀，需用单个重量较大的截流材料。截流时工作前线狭窄，抛投强度受到限制，施工进度受到影响。根据国内外截流工程的实践和理论研究，立堵法截流一般适应于流量大、岩基或覆盖层较薄的岩基河床。对软基河床只要护底措施得当，采用立堵法截流同样有效。

2. 平堵法截流

平堵法截流事先要在龙口架设浮桥或栈桥，用自卸汽车沿龙口全线从浮桥或栈桥上均匀地抛填截流材料直至戗堤高出水面为止。因此，平堵法截流时，龙口的单宽流量较小，出现的最大流速较低，且流速分布均匀，截流材料单个重量也较小，截流时工作前线长，抛投量较大，施工进度快。但在通航河道中，龙口的浮桥或栈桥会妨碍通航。平堵法截流常用于软基河床上。

截流设计首先应根据施工条件，充分研究两种方法对截流工作的影响，通过试验研究和分析比较来选定。有的工程亦有先用立堵法进占，而后在小范围龙口内用平堵法截流，这称为立平堵法。严格来说平堵法都先以立堵进占开始，而后平堵，类似立平堵法，不过立平堵法的龙口较窄。

## 三、截流日期和截流设计流量

截流日期的选择，应该是既要把握截流时机，选择在最枯流量时段进行，又要为后续的基坑工作和主体建筑物施工留有余地，不致影响整个工程的施工进度。在确定截流日期时，应考虑以下几点要求。

1. 截流以后，需要继续加高围堰，完成排水、清基、基础处理等大量基坑工作，并应把围堰或永久建筑物在汛期前抢修到一定高程以上。为了保证这些工作的完成，截流日期应尽量提前。

2. 在通航河流上进行截流，截流日期最好选在对航运影响较小的时段内。因为截流过程中，航运必须停止，即使船闸已经修好，因截流时水位变化较大，亦须停航。

3. 在北方有冰凌的河流上，截流不应在流冰期进行。因为冰凌很容易堵塞河道或导流泄水建筑物，壅高上游水位，给截流带来极大困难。

此外，在截流开始前，应修好导流泄水建筑物，并做好过水准备。如清除影响泄水建筑物运用的围堰或其他设施，开挖引水渠，完成截流所需的一切材料、设备、交通道路的准备等。据上所述，截流日期一般多选在枯水期，流量已有明显下降的时候，而不一定选在流量最小的时刻。但是，在截流设计时，根据历史水文资料确定的枯水期和截流流量与截流时的实际水文条件往往有一定出入。因此，在实际施工中，还须根据当时的水文气象预报及实际水情分析进行修正，最后确定截流日期。

龙口合龙所需的时间往往是很短的，一般从数小时到几天。为了估计在此时段内可能发生的水情，做好截流的准备，须选择合理的截流设计流量。一般可按工程的重要程度选用截流时期内 10%~20% 频率的旬或月平均流量。如果水文资料不足，可用短期的水文观测资料或根据条件类似的工程来选择截流设计流量。无论用什么方法确定截流设计流量，都必须根据当时的实际情况和水文气象预报加以修正，按修正后的流量进行截流准备工作，作为指导截流施工的依据。

## 四、龙口位置和宽度

龙口位置的选择，对截流工作顺利与否有密切关系。

选择龙口位置时主要考虑以下一些技术要求。

1. 一般情况下，龙口应设置在河床主流部位，方向力求与主流顺直，使截流前河水能较顺畅地经由龙口下泄。但有时也可以将龙口设置在河滩上，此时，为了使截流时的水流平顺，应在龙口上、下游顺河流流势按流量大小开挖引河。当龙口设在河滩上时，一些准备工作就不必在深水中进行，这对确保施工进度和施工质量均较有利。

2. 龙口应选择在耐冲河床上，以免截流时因流速增大，引起过分冲刷。如果龙口段河床覆盖层较薄，则应清除；否则，应进行护底防冲。

3. 龙口附近应有较宽阔的场地，以便布置截流运输路线和制作、堆放截流材料。原则上龙口宽度应尽可能窄些，这样合龙的工程量就小些，截流的延续时间也短些，但以不引起龙口及其下游河床的冲刷为限。为了提高龙口的抗冲能力，减少合龙的工程量，须对龙口加以保护。龙口的保护包括护底和裹头。护底一般采用抛石、沉排、竹笼、柴石枕等。裹头就是用石块、钢筋石笼、黏土麻袋包或草包、竹笼、柴石枕等把戗堤的端部保护起来，以防被水流冲塌。裹头多用于平堵戗堤两端或立堵进占端对面的戗堤。龙口宽度及其防护措施，可根据相应的流量及龙口的抗冲流速来确定。在通航河道上，当截流准备期通航设施尚未投入运用时，船只仍需在截流前由龙口通过。这时龙口宽度便不能太窄，流速也不能太大，以免影响航运。如葛洲坝工程的龙口，由于考虑通航流速不能大于3.0m/s，所以龙口宽度达220m。

## 五、截流材料和备料量

截流材料的选择，主要取决于截流时可能发生的流速及工地开挖、起重、运输设备的能力，一般应尽可能就地取材。在黄河上，长期以来用梢料、麻袋、草包、石料、土料等作为堤防溃口的截流堵口材料。在南方，如四川都江堰，则常用卵石竹笼、砾石等作为截流堵河分流的主要材料。国内外大江大河截流的实践证明，块石是截流的最基本材料。此外，当截流水力条件较差时，还须使用人工块体，如混凝土六面体、四面体、四脚体及钢筋混凝土构架等。

为确保截流既安全顺利，又经济合理，正确计算截流材料的备料量是十分必要的。备料量通常按设计的戗堤体积再增加一定裕度，主要是考虑到堆存、运输中的损失，水流冲失，戗堤沉陷以及可能发生比设计更坏的水力条件而预留的备用量等。但是据不完全统计，国内外许多工程的截流材料备料量均超过实际用量，少者多于50%，多则达400%，尤其是人工块体大量剩余。

造成截流材料备料量过大的原因，主要有以下几点。

1. 截流模型试验的推荐值本身就包含了一定安全裕度，截流设计提出的备料量又增加了一定富余，而施工单位在备料时往往在此基础上又留有余地。

2. 水下地形不太准确，在计算戗堤体积时，常从安全角度考虑取偏大值。

3. 设计截流流量通常大于实际出现的流量等。

如此层层加码，处处考虑安全富余，所以即使像青铜峡工程的截流流量，实际大于设计，仍然出现备料量比实际用量多 78.6% 的情况。因此，如何正确估计截流材料的备用量，是一个很重要的课题。当然，备料恰如其分，不大可能，需留有余地。但对剩余材料，应提前筹划，安排好用处，特别像四面体等人工材料，大量弃置，既浪费，又影响环境，可考虑用于护岸或其他河道整治工程。

# 第三节 基坑排水

在截流戗堤合龙闭气以后，就要排除基坑中的积水和渗水，随后在开挖基坑和进行基坑内建筑物的施工中，还要经常不断地排除渗入基坑内的渗水和可能遇到的降水，以保证干地施工。在河岸上修建水工建筑物时，如基坑低于地下水位，也要进行基坑排水。

## 一、基坑排水的分类

基坑排水工作按排水时间及性质，一般可分为：基坑开挖前的初期排水，包括基坑积水、基坑积水排除过程中围堰及基坑的渗水和降水的排除；基坑开挖及建筑物施工过程中的经常性排水，包括围堰和基坑的渗水、降水、地基岩石冲洗及混凝土养护用废水的排除等。

## 二、初期排水

1. 排水流量的确定

排水流量包括基坑积水、围堰堰身和地基及岸坡渗水、围堰接头漏水、降雨汇水等。对于混凝土围堰，堰身可视为不透水，除基坑积水外，只计算基础渗水量。对于木笼、竹笼等围堰，如施工质量较好，渗水量也很小；但如施工质量较差时，则漏水较大，需区别对待。围堰接头漏水的情况也是如此。降雨汇水计算标准可同经常性排水。初期排水总抽水量为上述诸项之和，其中应包括围堰堰体水下部分及覆盖层地基的含水。积水的计算水位，根据截流程序不同而异。当先截上游围堰时，基坑水位可近似地用截流时的下游水位；当先截下游围堰时，基坑水位可近似采用截流时的上游水位。过水围堰基坑水位应根据退水闸的泄水条件确定。当无退水闸时，抽水的起始水位可近似地按下游堰顶高程计算。排水时间主要受基坑水位的下降速度限制。基坑水位允许下降速度视围堰形式、地基特性及基坑内水深而定。水位下降太快，则围堰或基坑边坡中动水压力变化过大，容易引起塌坡；下降太慢，则影响基坑开挖时间。一般下降速度限制在 0.5~1.5m/d 以内，对土石围堰取下限，混凝土围堰取上限。

排水时间的确定，应考虑基坑工期的紧迫程度、基坑水位允许下降速度、各期抽水设备及相应用电负荷的均匀性等因素，进行比较后选定。

排水量的计算：根据围堰形式计算堰身及地基渗流量，得出基坑内外水位差与渗流量的关系曲线；然后根据基坑允许下降速度，考虑不同高程的基坑面积后计算出基坑排水强度曲线。将上述两条曲线叠加后，便可求得初期排水的强度曲线，其中最大值为初期排水的计算强度。根据基坑允许下降速度，确定初期排水时间。以不同基坑水位的抽水强度乘相应的区间排水时间之总和，便得初期排水总量。

试抽法。在实际施工中，制订措施计划时，还常用试抽法来确定设备容量。试抽时有以下三种情况。

（1）水位下降很快，表明原选用设备容量过大，应关闭部分设备，使水位下降速度符合设计规定。

（2）水位不下降，此时有两种可能性，基坑有较大漏水通道或抽水容量过小。应查明漏水部位并及时堵漏，或加大抽水容量再行试抽。

（3）水位下降至某一深度后不再下降。此时表明排水量与渗水量相等，需增大抽水容量并检查渗漏情况，进行堵漏。

2. 排水泵站的布置

泵站的设置应尽量做到扬程低、管路短、少迁移、基础牢、便于管理、施工干扰少，并尽可能使排水和施工用水相结合。

初期排水布置视基坑积水深度不同，有固定式抽水站和移（浮）动式抽水站两种。由于水泵的允许吸出高度在 5m 左右，因此当基坑水深在 5m 以内时，可采用固定式抽水站，此时常设在下游围堰的内坡附近。当抽水强度很大时，可在上、下游围堰附近分设两个以上抽水站。当基坑水深大于 5m 时，则以采用移（浮）动式抽水站为宜。此时水泵可布置在沿斜坡的滑道上，利用绞车操纵其上、下移动；或布置在浮动船、筏上，随基坑水位上升和下降，避免水泵在抽水中多次移动，影响抽水效率和增加不必要的抽水设备。

## 三、经常性排水

1. 排水系统的布置

排水系统的布置通常应考虑两种不同的情况：一是基坑开挖过程中的排水系统布置；二是基坑开挖完成后建筑物施工过程的排水系统布置，如图 5-1 所示。在具体布置时，最好能结合起来考虑，并使排水系统尽可能地不影响施工，图 5-2 为经常性排水系统布置示意图。

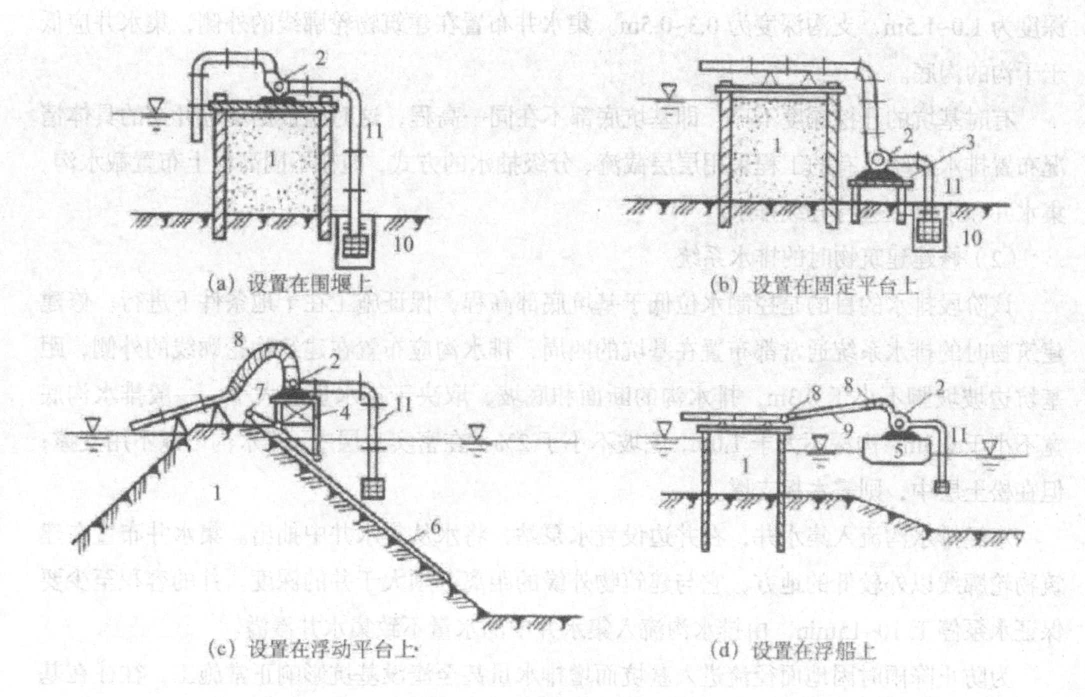


**图 5–1 排水水泵的布置**

**1. 围堰；2. 水泵；3. 固定平台；4. 移动平台；5. 浮船；6. 滑道；7. 绞车；8. 橡皮接头；9. 铰接桥；10. 集水井；11. 吸水管**

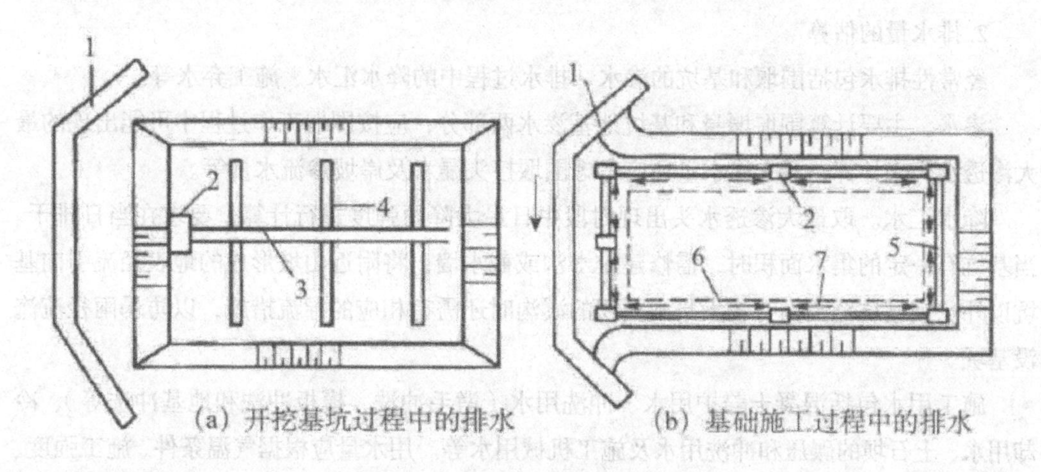


**图 5–2 经常性排水系统布置示意图**

**1. 围堰；2. 集水井；3. 排水干沟；4. 排水支沟；5. 排水沟；6. 基础轮廓；7. 水流方向**

（1）基坑开挖过程中的排水系统

应以不妨碍开挖和运输工作为原则。根据土方分层开挖的要求，分次降低地下水位，通过不断降低排水沟高程，使每一开挖土层呈干燥状态。一般常将排水干沟布置在基坑中部，以利两侧出土。随着基坑开挖工作的进展，逐渐加深排水干沟和支沟，通常保持干沟深度为1.0~1.5m，支沟深度为0.3~0.5m。集水井布置在建筑物轮廓线的外侧，集水井应低于干沟的沟底。

有时基坑的开挖深度不一，即基坑底部不在同一高程，这时应根据基坑开挖的具体情况布置排水系统。有的工程采用层层截流、分级抽水的方式，即在不同高程上布置截水沟、集水井和水泵，进行分级排水。

（2）修建建筑物时的排水系统

该阶段排水的目的是控制水位低于基坑底部高程，保证施工在干地条件下进行。修建建筑物时的排水系统通常都布置在基坑的四周，排水沟应布置在建筑物轮廓线的外侧，距基坑边坡坡脚不小于0.3m，排水沟的断面和底坡，取决于排水量的大小。一般排水沟底宽不小于0.3m，沟深不大于1.0m，底坡不小于2%。在密实土层中，排水沟可以不用支撑；但在松土层中，则需木板支撑。

水经排水沟流入集水井，在井边设置水泵站，将水从集水井中抽出。集水井布置在建筑物轮廓线以外较低的地方，它与建筑物外缘的距离必须大于井的深度。井的容积至少要保证水泵停工10~15min，由排水沟流入集水井中的水量不致集水井漫溢。

为防止降雨时因地面径流进入基坑而增排水量甚至淹没基坑影响正常施工，往往在基坑外缘挖设排水沟或截水沟，以拦截地表水。排水沟或截水沟的断面尺寸及底坡应根据流量和土质确定，一般沟宽和沟深不小于0.5m，底坡不小于2%，基坑外地面排水最好与道路排水系统结合，便于采用自流排水。

2. 排水量的估算

经常性排水包括围堰和基坑的渗水、排水过程中的降水汇水、施工弃水等。

渗水。主要计算围堰堰身和基坑地基渗水两部分，应按围堰工作过程中可能出现的最大渗透水头来计算，最大渗水量还应考虑围堰接头漏水及岸坡渗流水量等。

降水汇水。取最大渗透水头出现时段中日最大降雨强度进行计算，要求在当日排干。当基坑有一定的集水面积时，需修建排水沟或截水墙，将附近山坡形成的地表径流引向基坑以外。当基坑范围内有较大集雨面积的溪沟时还需有相应的导流措施，以防暴雨径流淹没基坑。

施工用水包括混凝土养护用水、冲洗用水（凿毛冲洗、模板冲洗和地基冲洗等）、冷却用水、土石坝的碾压和冲洗用水及施工机械用水等。用水量应根据气温条件、施工强度、混凝土浇筑层厚度、结构形式等确定。混凝土养护用弃水，可近似地以每方混凝土每次用水5L、每天养护8次计算，但降水和施工弃水不得叠加。

## 四、人工降低地下水位

在经常性排水过程中，为保证基坑开挖工作始终在干地进行，常常要多次降低排水沟和集水井的高程，变换水泵站的位置，影响开挖工作的正常进行。此外，在开挖细沙土、沙壤土一类地基时，随着基坑底面的下降，坑底与地下水位的高差越来越大，在地下水渗透压力的作用下，容易产生边坡坍塌、坑底隆起等事故，对开挖带来不利影响。采用人工降低地下水位就可避免上述问题的发生。

人工降低地下水位的方法按排水工作原理来分有管井法和井点法两种。

1. 管井法降低地下水位

管井法降低地下水位时，在基坑周围布置一系列管井，管井中放入水泵的吸水管，地下水在重力作用下流入井中，被水泵抽走。

管井法降低地下水位时，需先设管井，管井通常由下沉钢井管组成，在缺乏钢管时也可用预制混凝土管代替。

井管的下部安装水管节（滤头），有时在井管外还需设置反滤层，地下水从滤水管进入井管中，水中的泥沙则沉淀在管中。

井管通常用射水法下沉，当土层中夹有硬黏土、岩石时，需配合钻机钻孔。射水下沉时，先用高压水冲土，下沉套管，较深时可配合振动或锤击，然后在套管中插入井管，最后在套管与井管的间隙中间填反滤层和拔套管。管井中可应用各种抽水设备，但主要是离心式水泵、深井水泵或潜水泵。

2. 井点法降低地下水位

井点法和管井法不同，它把井管和水泵的吸水管合二为一，简化了井的构造，便于施工。井点法降低地下水位的设备，根据其降深能力分轻型井点（浅井点）和深井点等。

（1）轻型井点

轻型井点是由井管、集水总管、普通离心式水泵、真空泵和集水箱等设备组成的一个排水系统，如图 5-3 所示。

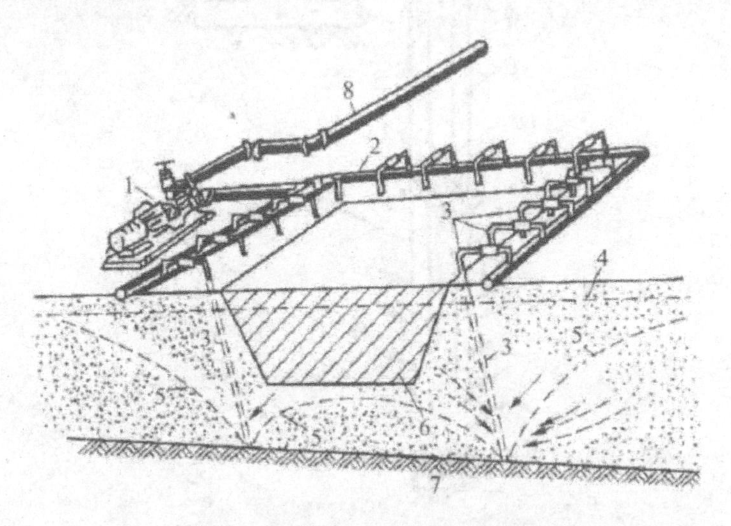


图 5-3 轻型井点排水系统布置示意图

1. 带真空泵和集水箱的离心式水泵；2. 集水总管；3. 井管；4. 原地下水位；

5. 排水后水面降落线；6. 基坑；7. 不透水层；8. 排水管

轻型井点井管直径为38~50mm，间距为0.6~1.8m，最大可到3.0m，地下水从井管下端的滤水管借真空泵和水泵的作用流入管内，沿井管上升汇入集水总管，经集水箱，由水泵抽出。

井点系统排水时，地下水位的下降深度，取决于集水箱的真空度与管路的漏气和水头损失。一般集水箱内真空度为53~80kPa（为400~600mmHg），相应的吸水高度5~8m，扣去各种损失后，地下水位的下降深度为4~5m。当要求地下水位降低的深度超过4~5m时，可以像井管一样分层布置井点，每层控制3~4m，但以不超过三层为宜。

（2）深井点

深井点与轻型井点不同，它的每一根井管上都装有扬水器（水力扬水器或压气扬水器），因此它不受吸水高度的限制，有较大的降深能力。深井点有喷射井点和压气扬水井点两种。

1）喷射井点

喷射井点由集水池、高压水泵、输水干管和喷射井管等组成，如图5-4所示。喷射井点排水的过程是：高压水泵将高压水压入内管与外管间的环形空间，经进水孔由喷嘴以10~50m/s高速喷出，由此产生负压，使地下水经滤管吸入内管，在混合室中与高速的工作水混合，经喉管和扩散管以后，流速水头转变为压力水头，将水压到地面的集水池中。

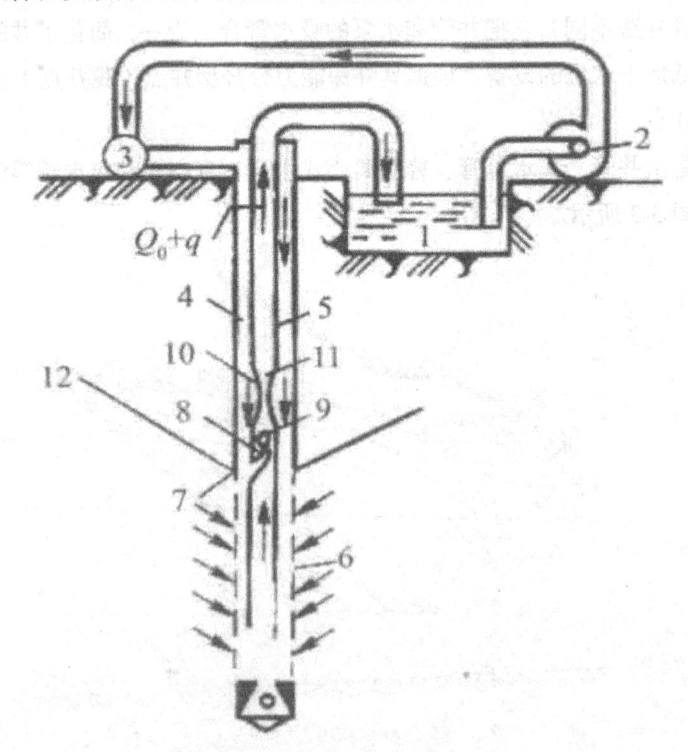


图5-4　喷射井点示意图

1. 集水池；2. 高压水泵；3. 输水干管；4. 外管；5. 内管；6. 滤水管；7. 进水孔；8. 喷嘴；9. 混合室；10. 喉管；11. 扩散管；12. 水面降落曲线

高压水泵从集水池中抽水作为工作水，而池中多余的水则任其流走或用低压水泵抽走。通常一台高压水泵能为30~35个井点服务，其最适宜的降低水位范围为5~18m。喷射井点的排水效率不高，一般用于渗透系数为3~50m/d，渗流量不大的场合。

2）压气扬水井点

压气扬水井点是用压气扬水器进行排水。排水时压缩空气由输气管送来，由喷气装置进入扬水管，于是，管内容重较轻的水气混合液，在管外压力的作用下，沿扬水管上升到地面排走。为了达到一定的扬水高度，就必须将扬水管沉入井中足够的潜没深度，使扬水管内外有足够的压力差。压气扬水井点降低地下水最大可达40m。

3）电渗井

在渗透系数小于0.1m/d的黏土或淤泥中降低地下水位时，比较有效的方法是电渗井点降水。

电渗井点排水时，沿基坑四周布置两列正负电极。正极通常用金属管做成，负极就是井点的排水井，在土中通过电流以后，地下水将从金属管（正极）向井点（负极）移动集中，然后再由井点系统的水泵抽走。电流由直流发电机提供。

# 第六章　混凝土工程施工

在水利工程中，混凝土是整个工程的主要原材料，混凝土本身具有很大的优点，如价格低抗压力大、耐久性强等。正是由于这些优点，混凝土被广泛运用到各种水利工程中。以下将对混凝土工程施工进行分析。

## 第一节　混凝土的分类及性能

### 一、分类

1. 按胶凝材料分

（1）无机胶凝材料混凝土。无机胶凝材料混凝土包括石灰硅质胶凝材料混凝土（如硅酸盐混凝土）、硅酸盐水泥系混凝土（如硅酸盐水泥、普通水泥、矿渣水泥、粉煤灰水泥、火山灰质水泥、早强水泥混凝土等）、钙铝水泥系混凝土（如高铝水泥、纯铭酸盐水泥喷射水泥、超速硬水泥混凝土等）、石膏混凝土、镁质水泥混凝土、硫黄混凝土、水玻璃氟硅酸钠混凝土、金属混凝土（用金属代替水泥做胶结材料）等。

（2）有机胶凝材料混凝土。有机胶凝材料混凝土主要有沥青混凝土和聚合物水泥混凝土、树脂混凝土、聚合物浸渍混凝土等。

2. 按表观密度分

混凝土按照表观密度的大小可分为重混凝土、普通混凝土、轻质混凝土。这三种混凝土的不同之处在于骨料不同。

（1）重混凝土

重混凝土是表观密度大于2500kg/m$^3$，用特别密实和特别重的骨料制成的混凝土，如重晶石混凝土、钢屑混凝土等，它们具有不透X射线和γ射线的性能，常由重晶石和铁矿石配制而成。

（2）普通混凝土

普通混凝土即是我们在建筑中常用的混凝土，表观密度为1950~2500 kg/m$^3$，主要以沙、石子为主要骨料配制而成，是土木工程中最常用的混凝土品种。

（3）轻质混凝土

轻质混凝土是表观密度小于 1950 kg/m³ 的混凝土，它又可以分为三类。

1）轻骨料混凝土，其表观密度为 800~1950 kg/m³。轻骨料包括浮石、火山渣、陶粒、膨胀珍珠岩、膨胀矿渣、矿渣等。

2）多孔混凝土（泡沫混凝土、加气混凝土），其表观密度是 300~1000 kg/m³。泡沫混凝土是由水泥浆或水泥砂浆与稳定的泡沫制成的。加气混凝土是由水泥、水与发气剂制成的。

3）大孔混凝土（普通大孔混凝土、轻骨料大孔混凝土），其组成中无细骨料。普通大孔混凝土的表观密度为 1500~1900 kg/m³，是用碎石软石、重矿渣做骨料配制的。轻骨料大孔混凝土的表观密度为 500~1500 kg/m³，是用陶粒、浮石、碎砖、矿渣等作为骨料配制的。

3. 按使用功能分

按使用功能可分为结构混凝土、保温混凝土、装饰混凝土、防水混凝土、耐火混凝土、水工混凝土、海工混凝土、道路混凝土、防辐射混凝土等。

4. 按施工工艺分

按施工工艺可分为离心混凝土、真空混凝土、灌浆混凝土、喷射混凝土碾压混凝土、挤压混凝土、泵送混凝土等。按配筋方式分为素（无筋）混凝土、钢筋混凝土、钢丝网水泥、纤维混凝土、预应力混凝土等。

5. 按拌和物的流动性能分

按拌和物的流动性能可分为干硬性混凝土、半干硬性混凝土、塑性混凝土、流动性混凝土、高流动性混凝土、流态混凝土等。

6. 按掺合料分

按掺合料可分为粉煤灰混凝土、硅灰混凝土、矿渣混凝土、纤维混凝土等。另外，混凝土还可按抗压强度分为低强度混凝土（抗压强度小于 30 MPa）、中强度混凝土（抗压强度 30~60 MPa）和高强度混凝土（抗压强度大于等于 60 MPa）；按每 m³ 水泥用量又可分为贫混凝土（水泥用量不超过 170 kg）和富混凝土（水泥用量不小于 230kg）等。

## 二、性能

混凝土的性能主要有以下几项。

1. 和易性

和易性是混凝土拌和物的重要性能，主要包括流动性、黏聚性和保水性三个方面。它综合表示拌和物的稠度、流动性、可塑性抗分层离析泌水的性能及易抹面性等。测定和表示拌和物和易性的方法与指标很多，我国主要采用截锥坍落筒测定的坍落度及用维勃仪测定的维勃时间，作为稠度的主要指标。

2. 强度

强度是混凝土硬化后的最重要的力学性能，是指混凝土抵抗压、拉、弯、剪等应力的能力。水灰比、水泥品种和用量、骨料的品种和用量以及搅拌、成型、养护，都直接影响着混凝土的强度。混凝土按标准抗压强度（以边长为 150 mm 的立方体为标准试件，在标准养护条件下养护 28 d，按照标准试验方法测得的具有 95% 保证率的立方体抗压强度）划分的强度等级，分为 C10、C15、C20、C25、C30、C35、C40、C45、C50、C55、C60、C65、C70、C75、C80、C85、C90、C95、C100 共 19 个等级。混凝土的抗拉强度仅为其抗压强度的 1/10~1/20，提高混凝土抗拉强度、抗压强度的比值是混凝土改性的重要方面。

3. 变形

混凝土在荷载或温湿度作用下会产生变形，主要包括弹性变形、塑性变形、收缩和温度变形等。混凝土在短期荷载作用下的弹性变形主要用弹性模量表示。在长期荷载作用下，应力不变，应变持续增加的现象为徐变；应变不变，应力持续减少的现象为松弛。由于水泥水化、水泥石的碳化和失水等原因产生的体积变形，称为收缩。

硬化混凝土的变形来自两方面：环境因素（温度、湿度变化）和外加荷载因素，因此有：

（1）荷载作用下的变形包括弹性变形和非弹性变形；

（2）非荷载作用下的变形包括收缩变形（干缩、自收缩）和膨胀变形（湿胀）；

（3）复合作用下的变形包括徐变。

4. 耐久性

小混凝土在使用过程中抵抗各种破坏因素作用的能力称为耐久性。混凝土耐久性的好坏，决定着混凝土工程的寿命。它是混凝土的一个重要性能，因此长期以来受到人们的高度重视。

在一般情况下，混凝土具有良好的耐久性。但在寒冷地区，特别是在水位变化的工程部位以及在饱水状态下受到频繁的冻融交替作用时，混凝土易于损坏。为此，对混凝土要有一定的抗冻性要求。用于不透水的工程，要求混凝土具有良好的抗渗性和耐蚀性。混凝土耐久性包括抗渗性、抗冻性、抗侵蚀性。

影响混凝土耐久性的破坏作用主要有六种。

（1）冰冻 - 溶解循环作用。其是最常见的破坏作用，以致有时人们用抗冻性来代表混凝土的耐久性。冻融循环在混凝土中产生内应力，促使裂缝发展、结构疏松，直至表层剥落或整体崩溃。

（2）环境水的作用。其包括淡水的浸溶作用、含盐水和酸性水的侵蚀作用等。其中硫酸盐氯盐、镁盐和酸类溶液在一定条件下可产生剧烈的腐蚀作用，导致混凝土迅速破坏。环境水作用的破坏过程可概括为两种变化：一是减少组分，即混凝土中的某些组分直接溶解或经过分解后溶解；二是增加组分，即溶液中的某些物质进入混凝土中产生化学、物理或物理化学变化，生成新的产物。上述组分的增减导致混凝土体积不稳定。

（3）风化作用。其包括干湿、冷热的循环作用。在温度、湿度变幅大、变化快的地区以及兼有其他破坏因素（例如盐、碱、海水、冻融等）作用时，常能加速混凝土的崩溃。

（4）中性化作用：在空气中的某些酸性气体，如 $H_2S$ 和 $CO_2$ 在适当温度、湿度条件下使混凝土中液相的碱度降低，引起某些组分分解，并使体积发生变化。

（5）钢筋锈蚀作用：在钢筋混凝土中，钢筋因电化学作用生锈，体积增加，胀坏混凝土保护层，结果又加速了钢筋的锈蚀，这种恶性循环使钢筋与混凝土同时受到严重的破坏，成为毁坏钢筋混凝土结构的一个最主要原因。

（6）碱 - 骨料反应：最常见的是水泥或水中的碱分（$Na_2O$、$K_2O$）和某些活性骨料（如蛋白石、燧石、安山岩、方石英）中的 $SiO_2$ 起反应，在界面区生成碱的硅酸盐凝胶，使体积膨胀，最后使整个混凝土建筑物崩解。这种反应又名碱 - 硅酸反应。此外，还有碱 - 硅酸盐反应与碱 - 碳酸盐反应。

此外，有人将抵抗磨损、气蚀、冲击以至高温等作用的能力也纳入耐久性的范围。上述各种破坏作用还常因其具有循环交替和共存叠加而加剧。前者导致混凝土材料的疲劳，后者则使破坏过程加剧并复杂化而难以防治。

要提高混凝土的耐久性，必须从抵抗力和作用力两个方面入手。增加抵抗力就能抑制或延缓作用力的破坏。因此，提高混凝土的强度和密实性有利于耐久性的改善，其中密实性尤为重要，因为孔缝是破坏因素进入混凝土内部的途径，所以混凝土的抗渗性与抗冻性密切相关。另外，通过改善环境以削弱作用力，也能提高混凝土的耐久性。此外，还可采用外加剂（如引气剂之对于抗冻性等）、谨慎选择水泥和集料、掺加聚合物、使用涂层材料等，以有效地改善混凝土的耐久性，延长混凝土工程的安全使用期。

耐久性是一项长期性能，而破坏过程又十分复杂。因此，要较准确地进行测试及评价，还存在不少困难。只是采用快速模拟试验，对在一个或少数几个破坏因素作用下的一种或几种性能变化，进行对比并加以测试的方法还不够理想，评价标准也不统一，对于破坏机制及相似规律更缺少深入的研究，因此到目前为止，混凝土的耐久性还难以预测。除了实验室快速试验以外，进行长期暴露试验和工程实物的观测，从而积累长期数据，将有助于耐久性的正确评定。

## 第二节　混凝土的组成材料

普通混凝土是由水泥、粗骨料（碎石或卵石）、细骨料（砂）、外加剂和水拌和，经硬化而成的一种人造石材。砂、石在混凝土中起骨架作用，并抑制水泥的收缩；水泥和水形成水泥浆，包裹在粗、细骨料表面并填充骨料间的空隙。水泥浆体在硬化前起润滑作用，使混凝土拌和物具有良好的工作性能，硬化后将骨料胶结在一起，形成坚强的整体。

## 一、水泥的分类及命名

1. 按用途及性能分

水泥按用途及性能分为以下几种：

（1）通用水泥：一般土木建筑工程通常采用的水泥。通用水泥主要是指：GB 175—2007 规定的六大类水泥，即硅酸盐水泥、普通硅酸盐水泥、矿渣硅酸盐水泥、火山灰质硅酸盐水泥、粉煤灰硅酸盐水泥和复合硅酸盐水泥。

（2）专用水泥：专门用途的水泥，如 G 级油井水泥、道路硅酸盐水泥。

（3）特性水泥：某种性能比较突出的水泥。如快硬硅酸盐水泥、低热矿渣硅酸盐水泥膨胀硫铝酸盐水泥、磷铝酸盐水泥和磷酸盐水泥。

2. 按其主要水硬性物质名称分类

水泥按其主要水硬性物质名称分为：

（1）硅酸盐水泥（国外通称为波特兰水泥）；

（2）铝酸盐水泥；

（3）硫铝酸盐水泥；

（4）铁铝酸盐水泥；

（5）氟铝酸盐水泥；

（6）磷酸盐水泥；

（7）以火山灰或潜在水硬性材料及其他活性材料为主要组分的水泥。

3. 按主要技术特性分类

按主要技术特性水泥分为：

（1）快硬性（水硬性）水泥：分为快硬和特快硬两类；

（2）水化热：分为中热水泥和低热水泥两类；

（3）抗硫酸盐水泥：分为中抗硫酸盐腐蚀和高抗硫酸盐腐蚀两类；

（4）膨胀水泥：分为膨胀和自应力两类；

（5）耐高温水泥：铝酸盐水泥的耐高温性以水泥中氧化铝含量分级。

4. 水泥命名的原则

水泥的命名按不同类别分别以水泥的主要水硬性矿物、混合材料、用途和主要特性进行，并力求简明准确。名称过长时，允许有简称。

通用水泥以水泥的主要水硬性矿物名称冠以混合材料名称或其他适当名称命名。专用水泥以其专门用途命名，并可冠以不同型号。

特种水泥以水泥的主要水硬性矿物名称冠以水泥的主要特性命名，并可冠以不同型号或混合材料名称。

以火山灰性或潜在水硬性材料以及其他活性材料为主要组分的水泥是以主要组成成分

的名称冠以活性材料的名称进行命名，也可再冠以特性名称，如石膏矿渣水泥、石灰火山灰水泥等。

5. 水泥类型的定义

（1）水泥：加水拌和成塑性浆体，能胶结砂、石等材料，既能在空气中硬化，又能在水中硬化的粉末状水硬性胶凝材料。

（2）硅酸盐水泥：由硅酸盐水泥熟料 0~5% 石灰石或粒化高炉矿渣、适量石膏磨细制成的水硬性胶凝材料，分 P、I 和 P、II。

（3）普通硅酸盐水泥：由硅酸盐水泥熟料 6%~20% 混合材料，适量石膏磨细制成的水硬性胶凝材料，简称普通水泥，代号为 P.O。

（4）矿渣硅酸盐水泥：由硅酸盐水泥熟料、20%~70% 粒化高炉矿渣和适量石膏磨细制成的水硬性胶凝材料，代号为 P.S。

（5）火山灰质硅酸盐水泥：由硅酸盐水泥熟料、20%~40% 火山灰质混合材料和适量石膏磨细制成的水硬性胶凝材料，代号为 P.P。

（6）粉煤灰硅酸盐水泥：由硅酸盐水泥熟料、20%~40% 粉煤灰和适量石膏磨细制成的水硬性胶凝材料，代号为 P.F。

（7）复合硅酸盐水泥：由硅酸盐水泥熟料、20%~50% 两种或两种以上规定的混合材料和适量石膏磨细制成的水硬性胶凝材料，简称复合水泥，代号为 P.C。

（8）中热硅酸盐水泥：以适当成分的硅酸盐水泥熟料，加入适量石膏磨细制成的具有中等水化热的水硬性胶凝材料。

（9）低热矿渣硅酸盐水泥：以适当成分的硅酸盐水泥熟料，加入适量石膏磨细制成的具有低水化热的水硬性胶凝材料。

（10）快硬硅酸盐水泥：由硅酸盐水泥熟料加入适量石膏，磨细制成早强度高的以 3d 抗压强度表示强度等级的水泥。

（11）抗硫酸盐硅酸盐水泥：由硅酸盐水泥熟料，加入适量石膏磨细制成的抗硫酸盐腐蚀性能良好的水泥。

（12）白色硅酸盐水泥：由氧化铁含量少的硅酸盐水泥熟料加入适量石膏，磨细制成的白色水泥。

（13）道路硅酸盐水泥：由道路硅酸盐水泥熟料、0~10% 活性混合材料和适量石膏磨细制成的水硬性胶凝材料，简称道路水泥。

（14）砌筑水泥：由活性混合材料，加入适量硅酸盐水泥熟料和石膏磨细制成的、主要用于砌筑沙浆的低强度等级水泥。

（15）油井水泥：由适当矿物组成的硅酸盐水泥熟料、适量石膏和混合材料等磨细制成的适用于一定井温条件下油、气井固井工程用的水泥。

（16）石膏矿渣水泥：以粒化高炉矿渣为主要组分材料，加入适量石膏、硅酸盐水泥熟料或石灰磨细制成的水泥。

6. 生产工艺

硅酸盐类水泥的生产工艺在水泥生产中具有代表性，是以石灰石和黏土为主要原料，经破碎、配料、磨细制成生料，然后喂入水泥窑中煅烧成熟料，再将熟料加适量石膏（有时还掺加混合材料或外加剂）磨细而成。

水泥生产随生料制备方法不同，可分为干法（包括半干法）与湿法（包括半湿法）两种。

（1）干法生产：将原料同时烘干并粉磨，或先烘干经粉磨成生料粉后喂入干法窑内煅烧成熟料的方法。但也有将生料粉加入适量水制成生料球，送入立波尔窑内煅烧成熟料的方法，称为半干法，仍属干法生产的一种。

新型干法水泥生产线指采用窑外分解新工艺生产的水泥。其生产以悬浮预热器和窑外分解技术为核心，采用新型原料燃料均化和节能粉磨技术及装备，全线采用计算机集散控制，实现水泥生产过程自动化和高效、优质、低耗、环保。

新型干法水泥生产技术是20世纪50年代发展起来的。日本、德国等发达国家，以悬浮预热和预分解为核心的新型干法水泥熟料生产设备率占95%，中国第一套悬浮预热和预分解窑1976年投产。该技术优点是传热迅速、热效率高，单位容积较湿法水泥产量大、热耗低。

（2）湿法生产：将原料加水粉磨成生料浆后，喂入湿法窑煅烧成熟料的方法。也有将湿法制备的生料浆脱水后，制成生料块入窑煅烧成熟料的方法，称为半湿法，仍属湿法生产的一种。

干法生产的主要优点是热耗低（如带有预热器的干法窑熟料热耗为3140~3 768J/kg），缺点是生料成分不易均匀、车间扬尘大、电耗较高。湿法生产具有操作简单、生料成分容易控制、产品质量好、料浆输送方便、车间扬尘少等优点，缺点是热耗高（熟料热耗通常为5 234~6490 J/kg）。

水泥的生产一般可分生料制备、熟料煅烧和水泥制成三个工序，整个生产过程可概括为“两磨一烧”。

1）生料粉磨

生料粉磨分干法和湿法两种。干法一般采用闭路操作系统，即原料经磨机磨细后，进入选粉机分选，粗粉回流入磨再行粉磨的操作，并且多数采用物料在磨机内同时烘干并粉磨的工艺，所用设备有管磨、中卸磨及辊式磨等。湿法通常采用管磨、棒球磨等一次通过磨机不再回流的开路系统，但也有采用带分级机或弧形筛的闭路系统的。

2）熟料煅烧

煅烧熟料的设备主要有立窑和回转窑两类，立窑适用于生产规模较小的工厂，大中型厂宜采用回转窑。

①立窑

窑筒体立置不转动的称为立窑。分普通立窑和机械化立窑。普通立窑是人工加料和人工卸料或机械加料，人工卸料；机械化立窑是机械加料和机械卸料。机械化立窑是连续操作的，它的产量、质量及生产率都比普通立窑高。国外大多数立窑已被回转窑所取代，但在当前中国水泥工业中，立窑仍占有重要地位。根据建材技术政策要求，小型水泥厂应用机械化立窑逐步取代普通立窑。

②回转窑

窑筒体卧置（略带斜度，约为 3%），并能做回转运动的称为回转窑。分煅烧生料粉的干法窑和煅烧料浆（含水率通常为 35% 左右）的湿法窑。

③干法窑。干法窑又可分为中空式窑、余热锅炉窑。悬浮预热器窑和悬浮分解炉窑。20 世纪 70 年代前后，出现了一种可大幅度提高回转窑产量的煅烧工艺——窑外分解技术。其特点是采用了预分解窑，它以悬浮预热器窑为基础，在预热器与窑之间增设了分解炉。在分解炉中加入占总燃料用量 50%~60% 的燃料，使燃料燃烧过程与生料的预热和碳酸盐分解过程结合，从窑内传热效率较低的地带移到分解炉中进行，生料在悬浮状态或沸腾状态下与热气流进行热交换，从而提高传热效率，使生料在入窑前的碳酸钙分解率达 80% 以上，达到减轻窑的热负荷，延长窑村使用寿命和窑的运转周期，在保持窑的发热能力的情况下，大幅度提高产量的目的。

④湿法窑。用于湿法生产中的水泥窑称湿法窑，湿法生产是将生料制成含水率为 32% ~ 40% 的料浆。由于制备成具有流动性的泥浆，所以各原料之间混合性好，生料成分均匀，烧成的熟料质量高，这是湿法生产的主要优点。

湿法窑可分为湿法长窑和带料浆蒸发机的湿法短窑，长窑使用广泛，短窑已很少采用。为了降低湿法长窑热耗，窑内装设有各种形式的热交换器，如链条、料浆过滤预热器、金属或陶瓷热交换器。

（3）水泥粉磨

水泥熟料的细磨通常采用圈流粉磨工艺（闭路操作系统）。为了防止生产中的粉尘飞扬，水泥厂均装有收尘设备。电收尘器、袋式收尘器和旋风收尘器等是水泥厂常用的收尘设备。由于在原料预均化、生料粉的均化输送和收尘等方面采用了新技术和新设备，尤其是窑外分解技术的出现，一种干法生产新工艺随之产生。采用这种新工艺使干法生产的熟料质量不亚于湿法生产，电耗也有所降低，已成为各国水泥工业发展的趋势。

下面以立窑为例来说明水泥的生产过程。

原料和燃料进厂后，由化验室采样分析检验，同时按质量进行搭配均化，存放于原料堆棚。黏土、煤、硫铁矿粉由烘干机烘干水分至工艺指标值，通过提升机提升到相应原料贮库中。石灰石、萤石、石膏经过两级破碎后，由提升机送入各自的贮库。

化验室根据石灰石、黏土、无烟煤、萤石、硫铁矿粉的质量情况，计算工艺配方，通过生料微机配料系统进行全黑生料的配料，由生料磨机进行粉磨，每小时采样化验一次生料的氧化钙、三氧化二铁的百分含量，及时进行调整，使各项数据符合工艺配方要求。磨出的黑生料经过斗式提升机提入生料库，化验室依据出磨生料质量情况，通过多库搭配和机械倒库方法进行生料的均化，经提升机提入两个生料均化库，生料经两个均化库搭配，将料提制成球盘料仓，由设在立窑面上的预加水成球控制装置进行料、水的配比，通过成球盘进行生料的成球。

根据熟料质量情况由提升机放入相应的熟料库，同时根据生产经营要求及建材市场情况，化验室将熟料、石膏、矿渣通过熟料微机配料系统进行水泥配比，由水泥磨机进行普通硅酸盐水泥的粉磨，每小时采样一次进行分析检验。磨出的水泥经斗式提升机提入 3 个水泥库，化验室依据出磨水泥质量情况，通过多库搭配和机械倒库方法进行水泥的均化。经提升机送入 2 个水泥均化库，再经两个水泥均化库搭配，由微机控制包装机进行水泥的包装，包装出来的袋装水泥存放于成品仓库，再经化验采样检验合格后签发水泥出厂通知单。

## 二、粗骨料

在混凝土中，沙石起骨架作用，称为骨料或集料，其中粒径大于 5 mm 的骨料称为粗骨料。普通混凝土常用的粗骨料有碎石及卵石两种。碎石是天然岩石、卵石或矿山废石经机械破碎、筛分制成的、粒径大于 5 mm 的岩石颗粒。卵石是由自然风化、水流搬运和分选、堆积而成的、粒径大于 5 mm 的岩石颗粒。卵石和碎石颗粒的长度大于该颗粒所属相应粒级的平均粒径 2.4 倍者为针状颗粒，厚度小于平均粒径 0.4 倍者为片状颗粒（平均粒径指该粒级上、下限粒径的平均值）。

混凝土用粗骨料的技术要求有以下几个方面：

1. 颗粒级配及最大粒径

粗骨料中公称粒级的上限称为最大粒径。当骨料粒径增大时，其比表面积减小，混凝土的水泥用量也减少，故在满足技术要求的前提下，粗骨料的最大粒径应尽量选大一些。在钢筋混凝土工程中，粗骨料的粒径不得大于混凝土结构截面最小尺寸的 1/4，且不得大于钢筋最小净距的 3/4。对于混凝土实心板，其最大粒径不宜大于板厚的 1/3，且不得超过 40 mm。泵送混凝土用的碎石，不应大于输送管内径的 1/3，卵石不应大于输送管内径的 1/2.5。

2. 有害杂质

粗骨料中所含的泥块、淤泥、细屑、硫酸盐、硫化物和有机物都是有害杂质，其含量应符合国家标准《建筑用卵石、碎石》（GB/T 14685—2011）的规定。另外，粗骨料中严禁混入煅烧过的白云石或石灰石块。

3. 针、片状颗粒

粗骨料中针、片状颗粒过多，会使混凝土的和易性变差、强度降低，故粗骨料的针、片状颗粒含量应控制在一定范围内。

## 三、细骨料

细骨料是与粗骨料相对的建筑材料，混凝土中起骨架或填充作用的粒状松散材料，直径相对较小（粒径在 4.75 mm 以下）。

相关规范对细骨料（人工砂、天然砂）的品质要求如下：

第一，细骨料应质地坚硬、清洁级配良好。人工砂的细度模数宜为 2.4~2.8，天然砂的细度模数宜为 2.2~3.0。使用山砂、粗砂应采取相应的试验论证。

第二，细骨料在开采过程中应定期或按一定开采的数量进行碱活性检验，有潜在危害时，应采取相应措施，并经专门试验论证。

第三，细骨料的含水率应保持稳定，必要时应采取加速脱水措施。

1. 泥和泥块的含量

含泥量是指骨料中粒径小于 0.075 mm 的细尘屑、淤泥、黏土的含量。砂、石中的泥和泥块限制应符合《建筑用砂》（GB/T 14684— 2011）的要求。

2. 有害杂质

《建筑用砂》（GB/T 14684— 2011）和《建筑用卵石、碎石》（GB/T 14685— 2011）中强调不应有草根、树叶、树枝、煤块和矿渣等杂物。

细骨料的颗粒形状和表面特征会影响其与水泥的黏结以及混凝土拌和物的流动性。山沙的颗粒具有棱角，表面粗糙但含泥量和有机物杂质较多，与水泥的结合性差。河沙、湖沙因长期受到水流作用，颗粒多呈现圆形，比较洁净且使用广泛，一般工程都采用这种沙。

## 四、外加剂

混凝土外加剂是在搅拌混凝土过程中掺入占水泥质量 5% 以下的，能显著改善混凝土性能的化学物质。在混凝土中掺入外加剂，具有投资少、见效快、技术经济效益显著的特点。

随着科学技术的不断进步，外加剂已越来越多地得到应用，外加剂已成为混凝土除四种基本组分以外的第五种重要组分。

混凝土外加剂常用的主要是萘系高效减水剂、聚羧酸高性能减水剂和脂肪族高效减水剂。

1. 萘系高效减水剂

萘系高效减水剂是经化工合成的非引气型高效减水剂。化学名称为萘磺酸盐甲醛缩合物，它对于水泥粒子有很强的分散作用。对配制大流态混凝土，有早强、高强要求的现浇混凝土和预制构件，有很好的使用效果，可全面提高和改善混凝土的各种性能，广泛用于公路、桥梁、大坝、港口码头、隧道、电力、水利及民建工程、蒸养及自然养护预制构件等。

（1）技术指标

1）外观：粉剂棕黄色粉末，液体棕褐色黏稠液。

2）固体含量：粉剂 ≥94%，液体 ≥40%。

3）净浆流动度 ≥230 mm。

4）硫酸钠含量 ≤10%。

5）氯离子含量≤0.5%。

（2）性能特点

1）在混凝土强度和坍落度基本相同时，可减少水泥用量的10%~25%。

2）在水灰比不变时，使混凝土初始坍落度提高10 cm以上，减水率可达15%~25%。

3）对混凝土有显著的早强、增强效果，其强度提高幅度为20%~60%。

4）改善混凝土的和易性，全面提高混凝土的物理力学性能。

5）对各种水泥适应性好，与其他各类型的混凝土外加剂配伍良好。

6）特别适用于在以下混凝土工程中使用：流态混凝土、塑化混凝土、蒸养混凝土、抗渗混凝土、防水混凝土、自然养护预制构件混凝土、钢筋及预应力钢筋混凝土、高强度超高强度混凝土。

（3）掺量范围

粉剂的掺量范围为0.75%~1.5%，液体的掺量范围为1.5%~2.5%。

（4）注意事项

1）采用多孔骨料时宜先加水搅拌，再加减水剂。

2）当坍落度较大时，应注意振捣时间不宜过长，以防止泌水和分层。

萘系高效减水剂根据其产品中的$Na_2SO_4$含量，可分为高浓型产品（$Na_2SO_4$含量<3%）、中浓型产品（$Na_2SO_4$含量为3%~10%）和低浓型产品（$Na_2SO_4$含量>10%）。大多数萘系高效减水剂合成厂都具备将$Na_2SO_4$含量控制在3%以下的能力，有些先进企业甚至可将其控制在0.4%以下。

萘系减水剂是我国目前生产量最大、使用最广的高效减水剂（占减水剂用量的70%以上），其特点是减水率较高（15%~25%），不引气，对凝结时间影响小，与水泥适应性相对较好，能与其他各种外加剂复合使用，价格也相对便宜。萘系减水剂常被用于配制大流动性、高强、高性能混凝土。单纯掺加萘系减水剂的混凝土坍落度损失较快。另外，萘系减水剂与某些水泥适应性还需改善。

2. 脂肪族高效减水剂

脂肪族高效减水剂是丙酮磺化合成的羰基焦醛。憎水基主链为脂肪族烃类，是一种绿色高效减水剂，不污染环境，不损害人体健康。对水泥适用性广，对混凝土增强效果明显，坍落度损失小，低温无硫酸钠结晶现象，广泛用于配制泵送剂、缓凝、早强、防冻引气等各类个性化减水剂，也可以与萘系减水剂、氨基减水剂、聚羧酸减水剂复合使用。

（1）主要技术指标

1）外观：棕红色的液体。

2）固体含量>35%。

3）比重为1.15~1.2。

（2）性能特点

1）减水率高。掺量1%~2%的情况下，减水率可达15%~25%。在同等强度坍落度条件下，掺脂肪族高效减水剂可节约25%~30%的水泥用量。

2）早强、增强效果明显。混凝土掺入脂肪族高效减水剂，3 d 可达到设计强度的 60%~70%，7 d 可达到 100%，28 d 比空白混凝土强度提高 30%~40%。

3）高保塑。混凝土坍落度经时损失小，60 min 基本不损失、90 min 损失 10%~20%。

4）对水泥适用性广泛、和易性、黏聚性好，与其他各类外加剂配伍良好。

5）能显著提高混凝土的抗冻融、抗渗、抗硫酸盐侵蚀性能，并全面提高混凝土的其他物理性能。

6）特别适用于以下混凝土：流态塑化混凝土，自然养护、蒸养混凝土，抗渗防水混凝土，抗冻融混凝土，抗硫酸盐侵蚀海工混凝土，以及钢筋、预应力混凝土。

7）脂肪族高效减水剂无毒，不燃，不腐蚀钢筋，冬季无硫酸钠结晶。

（3）使用方法

1）通过试验找出最佳掺量，推荐掺量为 1.5%~2%。

2）脂肪族高效减水剂与拌和水一并加入混凝土中，也可以采取后加法，加入脂肪族高效减水剂混凝土要延长搅拌 30 s。

3）由于脂肪族高效减水剂的减水率较大，混凝土初凝以前，表面会泌出一层黄浆，属正常现象。打完混凝土收浆抹光，颜色则会消除，或在混凝土上强度以后，颜色会自然消除，浇水养护颜色会消除得快一些，不影响混凝土的内在和表面性能。

# 第三节 钢筋工程

钢筋混凝土施工是水利工程施工中的重要组成部分，它在水利工程中的施工主要分骨料及钢筋的材料加工、混凝土拌制、运输、浇筑、养护等几个重要方面。

## 一、钢筋的检验与储存技术要点

在水利工程施工过程中，如果发现施工材料的手续与水利工程施工要求不符，或者是没有出厂合格证、货量不清楚，也没有验收检测报告等，一定要严禁使用。在水利工程钢筋施工中必须做好钢筋的检验与存储工作，同时要经过试验、检查。如果都没有问题，说明是合格的钢筋，才可以用。与此同时，还要把与钢筋相关的施工材料合理有序地放在材料仓库中。如果没有存储施工材料的仓库，要把钢筋施工材料堆放在比较开阔、平坦的露天场地，最好是一目了然的地方。另外，在堆放钢筋材料的地方以及周围，要有适当的排水坡。如果没有排水坡，要挖掘出适当的排水沟，以便排水。在钢筋垛的下面，还要适当铺一些木头，钢筋和地面之间的距离要超过 20 cm。除此之外，还要建立一个钢筋堆放架，它们之间要有 3 m 左右的间隔距离，钢筋堆放架可以用来堆放钢筋施工材料。

## 二、钢筋的连接技术要点

1. 钢筋的连接方式主要有绑扎搭接、机械连接以及焊接等。一定要把钢筋的接头合理地接在受力最小的地方，而且，在同一根钢筋上还要尽量减少接头。同时，要按照我国当前相关规定，确保机械焊接接头和连接接头的类型和质量。

2. 在轴心受拉的情况下，钢筋不能采用绑扎搭接接头。

3. 同一构件中，相邻纵向受力钢筋的绑扎搭接接头应该相互错开。

# 第四节　模板工程

模板安装与拆卸是模板施工工程的重要环节，在进行模板工程施工的时候应该重点对其进行控制。另外，还应当对施工原料的性能品质进行全面掌握，明确模板施工的要求。

## 一、概述

模板工程是水利水电工程施工中的基础性工程，与水利水电工程建设质量直接挂钩，因此，在施工时必须对模板工程施工加以重视，并进行全面控制。模板工程中最重要，也是最关键的部分是它在混凝土施工工程中的运用。模板的选择、安装以及拆卸是模板工程施工中最主要的三个环节，对混凝土施工质量的影响也最为深刻。曾有调查显示，模板工程施工费用在整个混凝土工程施工费用中所占比例为30%左右。模板工程施工要求技术工人能够熟练掌握板材结构和特性，了解各类板材的施工优势，严格并科学地控制拆模时间。材料用量、工期的掌握、质量的控制都是模板工程施工中必须引起重视的施工要求。

模板系统一般由模板以及模板支撑系统这两个部分组成：模板是混凝土的容器，控制混凝土浇筑与成型；模板支撑系统则起到稳定模板的作用，避免模板变形影响混凝土质量，并将模板中的混凝土固定在需要的位置上。在实际施工过程中，模板的选择、安装与拆卸是施工中难度较高的控制部分。

## 二、模板工程施工中的常见问题

模板工程施工中常见的问题主要有以下几类：板材选择不符合标准、板材质量不合格，影响了混凝土的凝结和成型；模板安装没有按照相关的图纸标准进行，结构安装有问题、位置安装不到以及模板稳定性弱；模板拆卸时间选择不恰当，拆卸过程中影响到了混凝土的质量，模板拆卸之前准备与检查工作不全面。模板工程施工出现的上述问题一直困扰和影响着模板工程施工质量控制与工期管理，并给后期水利工程的使用和维护保养留下了隐患，影响了水利工程的使用。

## 三、模板工程施工工艺技术

模板工程的施工工艺技术分类可从板材、安装、拆卸等几个方面来进行说明。在实际施工过程中，只要能够对主要的几个工艺技术进行掌握和控制，就能够以较高的品质完成模板工程施工。

1. 模板要求与设计

模板工程施工对模板的特性有着较高的要求，首先应当保障模板具有较强的耐久性和稳定性，能够应对复杂的施工环境，不会被气象条件以及施工中的磕碰所影响。最重要的是，模板必须保证在混凝土浇筑完成之后，自身的尺寸不会发生较大的变形，影响混凝土浇筑质量和成型。在混凝土施工过程中，恶劣的天气、多变的空气条件以及混凝土本身的变化都会对模板有影响，因此要求模板板材必须是低活性的，不会与空气、水、混凝土材料发生锈蚀、腐蚀等反应。由于模板是重复使用的，所以还要求模板具有较强的适应性，能够应用于各类混凝土施工。模板板材的形状特点、外观尺寸对混凝土浇筑有着较大的影响，所以模板的选择是模板工程施工的第一要素。模板的设计则按照施工要求和混凝土浇筑状况进行，模板设计与现场地形勘察是分不开的，模板设置要求符合地形勘测，模板结构稳定，便于模板安装与拆除、混凝土浇筑工作的开展。

2. 板材分类

模板按照外观形状和板材材料、使用原理可以分为不同的种类。一般按照板材外观形状分类，模板分为曲面模板和平面模板两种类型，不同类型的模板用于不同类型的混凝土施工。例如曲面模板，一般用于隧道、廊道等曲面混凝土浇筑的施工当中。而按照板材材料进行分类，模板则可以被分为多种类型，如由木料制成则称为木模板、由钢材制成则称为钢模板。

按照使用原理进行分类，模板可以分为承重模板和侧面模板两种类型。侧面模板按照支撑方式和使用特点可以被划分为更多类型的模板，不同的模板使用原理和使用对象也各有差异。一般来讲，模板都是重复使用的，但是某些用于特殊部位的模板是一次性使用，如用于特殊施工部位的固定式侧面模板。拆移式、滑动式和移动式侧面模板一般都是可以重复利用的。滑动式侧面模板可以进行整体移动，能够用于连续性和大跨度的混凝土浇筑，而拆移式侧面模板则不能进行整体移动。

3. 模板安装

模板安装的关键在于技术工人对模板设计图纸的掌握以及技艺的熟练程度。模板安装必须保障钢筋绑扎和混凝土浇筑工作的协调性和配合性，避免各类施工发生矛盾和冲突。在模板安装中应当注意以下几点：

（1）模板投入使用后必须对其进行校正，校正次数在两次及以上，多次校正能够保障模板的方位以及大小的准确度，保障后续施工顺利进行。

（2）保障模板接洽点之间的稳固性，避免出现较为明显的接洽点缺陷。尤其要重视混凝土振捣位置的稳定性和可靠性，充分保障混凝土振捣的准确性和振捣顺利进行，有效避免振捣不善引起的混凝土裂缝问题。

（3）严格控制模板支撑结构的安装，保障其具备强大的抗冲击能力。在施工过程中，工序复杂、施工类目繁多，不可避免地给模板造成了冲击力，因此模板需要具备较强的抗冲击力。可以在模板支撑柱下方设置垫板以增加受力面积，减少支撑柱摇晃。

4. 模板拆卸

（1）模板的拆卸必须严格按照施工设计进行。拆卸前需要做好充足的准备工作。首先对混凝土的成型进行严格的检查，查看其凝固程度是否符合拆卸要求，对模板结构进行全方位检查，确定使用何种拆卸方式。一般来讲，模板的拆卸都会使用块状拆卸法进行。块状拆卸的优势如下：它符合混凝土成型的特点，不容易对混凝土表面和结构造成损害，块状拆卸的难度比较低，拆卸速度也更快。拆卸前必须准备好拆卸所使用的工具和机械，保障拆卸器具所有功能能够正常使用。拆卸中，首先对螺栓等连接件进行拆卸，然后对模板进行松弛处理，方便整体拆卸工作的进行。

（2）对于拱形模板，应当先拆除支撑柱下方的木楔，这样可以有效防止拱架快速下滑造成施工事故。

对于模板工程施工来说，考究的就是管理人员的胆大心细。在施工过程中需要管理人员细心面对施工中的细节管理，大胆开拓和创新管理模式及施工技艺，对模板工程进行深度解读，严格、科学地控制工艺使用。

# 第五节　混凝土配合比设计

混凝土配合比是指混凝土中各组成材料（水泥、水、沙、石）用量之间的比例关系。常用的表示方法有两种：第一，以每 $m^3$ 混凝土中各项材料的质量表示，如水泥 300kg、水 180 kg、沙 720 kg、石子 1200 kg；第二，以水泥质量为 1 的各项材料相互间的质量比及水灰比来表示，将上例换算成质量比为水泥：沙：石 =1 ：2.4 ：4，水灰比 =0.60。

## 一、混凝土配合比设计的基本要求

设计混凝土配合比的任务，就是要根据原材料的技术性能及施工条件，确定出能满足工程所要求的各项技术指标并符合经济原则的各项组成材料的用量。混凝土配合比设计的基本要求如下：

1. 满足混凝土结构设计所要求的强度等级。

2. 满足施工所要求的混凝土拌和物的和易性。

3. 满足混凝土的耐久性（如抗冻等级、抗渗等级和抗侵蚀性等）。

4. 在满足各项技术性质的前提下，使各组成材料经济合理，尽量做到节约水泥和降低混凝土成本。

## 二、混凝土配合比设计的三个参数

1. 水灰比（W/C）

水灰比是混凝土中水与水泥质量的比值，是影响混凝土强度和耐久性的主要因素。其确定原则是在满足强度和耐久性的前提下，尽量选择较大值，以节约水泥。

2. 沙率（β）

砂率是指砂子质量占沙、石总质量的百分率。沙率是影响混凝土拌和物和易性的重要指标。沙率的确定原则是在保证混凝土拌和物黏聚性和保水性要求的前提下，尽量取小值。

3. 单位用水量

单位用水量是指 1 $m^3$ 混凝土的用水量，反映混凝土中水泥浆与骨料之间的比例关系。在混凝土拌和物中，水泥浆的多少显著影响着混凝土的和易性，同时也影响着强度和耐久性。其确定原则是在达到流动性要求的前提下取较小值。

水灰比、沙率、单位用水量是混凝土配合比设计的三个重要参数。

# 第六节 混凝土拌和与浇筑

## 一、混凝土原料质量控制要点

在施工过程中，应认真做好混凝土工程的详细施工记录和报表，作为施工作业实际与监理工作队伍连接的主要依据。原料质量检查内容包括以下几个方面。

1. 每一构件或块体逐月的混凝土浇筑数量、累计浇筑数量。

2. 各种原材料的品种和质量检验成果。

3. 浇筑计划中各构件和块体实施浇筑起讫时间。

4. 混凝土保温、养护和表面保护的作业记录。

5. 不同部位的混凝土等级和配合比。

6. 浇筑时的气温、混凝土的浇筑温度。

7. 模板作业记录和各种部件拆模日期。

8. 钢筋作业记录和各构件及块体实际钢筋用量。

## 二、混凝土原料的拌和工作要点

混凝土原料拌和过程中，应重点关注以下两个方面的问题：

1. 混凝土均采用人工进行拌和，其拌和质量应满足规范要求。

2. 因混凝土拌和及配料不当，或拌和时间控制不当的混凝土弃置在指定的现场。防止拌和质量不良的混凝土进入施工现场而对混凝土工程施工整体质量产生不良影响。

## 三、对混凝土原料的运输入仓工作要点

混凝土原料拌和完成后，迅速运达浇筑地点，避免运输过程中产生分离、漏浆和严重泌水现象。在运输至施工现场后，为防止混凝土产生离析等质量方面的问题，其垂直落差需要控制在一定范围内；否则，需要采用溜筒入仓，以保障混凝土工程整体质量。

## 四、对混凝土原料浇筑的工作要点

浇筑环节是确保混凝土工程施工整体质量的核心所在。在浇筑过程中，所采取的施工技术方法包括以下几个方面：

1. 在基岩面浇筑仓施工过程中，浇筑第一层混凝土前应先用水冲洗模板，使模板保持湿润状态，铺一层 2~3cm 厚的水泥砂浆，沙浆铺设面积应与混凝土的浇筑强度相适应，铺设的水泥沙浆保证混凝土与基岩结合良好。

2. 分层浇筑过程中，混凝土浇筑需要人工用插钎进行插捣，其他用 50 型插入式振动棒振捣。

3. 混凝土浇筑时尽可能保持连续，浇筑混凝土允许间歇时间按试验确定，若超过允许间歇时间，则按工作缝处理。

4. 混凝土浇筑厚度需要根据搅拌和运输的浇筑能力、振捣强度及气温等因素来确定。一般情况下，混凝土浇筑层厚需要严格控制在 30 cm 内。

# 第七节　混凝土养护

混凝土养护是实现混凝土设计性能的重要基础，为确保这一目标的实现，混凝土养护宜根据现场条件、环境的温度与湿度、结构部位、构件或制品情况、原材料情况以及对混凝土性能的要求等因素，结合热工计算的结果，选择一种或多种合理的养护方法，满足混凝土的温控与湿控要求。

混凝土是土木工程中常用的建筑材料，混凝土养护则是混凝土设计性能实现的重要基础，也是影响工程质量与结构安全的关键因素之一，但水工混凝土经常或周期性受环境水

作用，除具有体积大、强度大等特点外，设计与施工中，还要根据工程部位、技术要求和环境条件，优先选用中热硅酸盐水泥，在满足水工建筑物的稳定、承压、耐磨、抗渗、抗冲、抗冻、抗裂、抗侵蚀等特殊要求的同时，降低混凝土发热量，减少温度裂缝。鉴于水利水电工程施工及水工建筑物的这些特点，需根据水利工程的技术规范，采取专门的施工方法和措施，确保工程质量。混凝土浇筑成型后的养护对保证混凝土性能的实现有着特别重要的意义。

## 一、自然养护

自然养护即传统的洒水养护，主要有喷雾养护和表面流水养护两种方法。二滩工程经验证明，混凝土流水养护，不但能降低混凝土表面温度，还能防止混凝土干裂。水利水电工程通常地处偏僻，供水、取水不便，成本也较高，水工建筑物一般具有或壁薄，或大体积，或外形坡面与直立面多、表面积大、水分极易蒸发等特点，喷雾养护和表面流水养护在实际应用中，很难保证养护期内始终使混凝土表面保持湿润状态，难以达到养护要求。喷雾养护一般适用于用水方便的地区及便于洒水养护的部位，如闸室底板等。喷雾养护时，应使水呈雾状，不可形成水流，亦不得直接以水雾加压于混凝土表面。流水养护时要注意水的流速不可过大，混凝土面不得形成水流或冲刷现象，以免造成剥损。

水工混凝土主要采用塑性混凝土和低塑性施工，塑性混凝土水泥用量较少，并掺加较多的膨润土、黏土等材料，坍落度为5~9 cm，施工中一般是在塑性混凝土浇筑完毕6~18 h即开始洒水养护；但低塑性混凝土坍落度为1~4 cm，较塑性混凝土的养护有一定的区别，为防止干缩裂缝的产生，其养护是混凝土浇筑的紧后工作，即在浇筑完毕后立即喷雾养护，并及早开始洒水养护。

对大体积混凝土而言，要控制混凝土内部和表面及表面与外界温差即保持混凝土内外合适的漏度梯度，不间断的24h养护至关重要，实际施工中很难满足洒水养护的次数，易造成夜间养护中断。根据以往的施工经验，在大体积混凝土养护过程中采用强制或不均匀的冷却降温措施不仅成本相对较高，管理不善易使大体积混凝土产生贯穿性裂缝。当施工条件适宜时，对如底板类的大体积混凝土也可选择蓄水养护。

## 二、覆盖养护

覆盖养护是混凝土最常用的保湿、保温养护方法，一般用塑料薄膜、麻袋、草袋等材料覆盖混凝土表面养护。但在风较大时覆盖材料不易固定，覆盖过程中也存在易破损和接缝不严密等问题，不适用于外形坡面、直立面、弧形结构。

覆盖养护有时需和其他养护方法结合使用，如对风沙大、不宜搭设暖棚的舱面，可采用覆盖保温被下面布设暖气排管的办法。覆盖养护时，混凝土敞露的表面应以完好无破损的覆盖材料完全盖住，并予以固定妥当，保持覆盖材料如塑料薄膜内有凝结水。

在保温方面，覆盖养护的效果也较明显，当气温骤降时，未进行保温的表面最大降温量与气温骤降的幅度之比为88%，一层草袋保温后为60%，两层草袋保温为45%，可见对结构进行适当的表面覆盖保温，减小混凝土与外界的热交换，对混凝土结构温控防裂是必要的。但对模板外和混凝土表面覆盖的保温层，不应采用潮湿状态的材料，也不应将保温材料直接铺盖在潮湿的混凝土表面，新浇混凝土表面应铺一层塑料薄膜，对混凝土结构的边及棱角部位的保温厚度应增大到面部位的2~3倍。

选择覆盖材料时，不可使用包装过糖、盐或肥料的麻布袋。对有可溶性物质的麻布袋，应彻底清洗干净后方可作为养护用覆盖材料。

## 三、蓄热法与综合蓄热法养护

蓄热法是一种当混凝土浇筑后，利用原材料加热及水泥水化热的热量，通过适当保温延缓混凝土冷却，使混凝土冷却到0 ℃以前达到预期要求强度的施工方法。当室外最低温度不低于-15℃时，地面以下的工程，或表面系数M<5的结构，应优先采用蓄热法养护。蓄热法具有方法简单、不需混凝土加热设备、节省能源、混凝土耐久性较高、质量好、费用较低等优点，但强度增长较慢，施工要有一套严密的措施和制度。

当采用蓄热法不能满足要求时，应选用综合蓄热法养护。综合蓄热法是在蓄热法的基础上利用高效能的保温围护结构，使混凝土加热拌制所获得的初始热量缓慢散失，并充分利用水泥水化热和掺用相应的外加剂（或进行短时加热）等综合措施，使混凝土温度在降至冰点前达到允许受冻临界强度或者承受荷载所需的强度。综合蓄热法分高、低蓄热法两种养护方式。高蓄热养护过程主要以短时加热为主，使混凝土在养护期间达到受荷强度；低蓄热养护过程则主要以使用早强水泥或掺用防冻外加剂等冷法为主，使混凝土在一定的负温条件下不被冻坏，仍可继续硬化。水利水电工程多使用低蓄热养护方式。

与其他养护方法不同的是，蓄热法养护与混凝土的浇筑、振捣是同时进行的，即随浇筑、随捣固、随覆盖，防止表面水分蒸发，减少热量失散。采用蓄热法养护时，应用不易吸潮的保温材料紧密覆盖模板或混凝土表面，迎风面宜增设挡风保温设施，形成不透风的围护层，细薄结构的棱角部分，应加强保温，结构上的孔洞应暂时封堵。当蓄热法不能满足强度增长的要求时，可选用蒸气加热、电流加热或暖棚保温等方法。

## 四、搭棚养护

搭棚养护分为防风棚养护和暖棚法养护。混凝土在终凝前或刚刚终凝时几乎没有强度或强度很小，如果受高温或较大风力的影响，混凝土表面失水过快，易造成毛细管中产生较大的负压而使混凝土体积急剧收缩，而此时混凝土的强度又无法抵抗其本身收缩，因此容易龟裂。风速对混凝土的水分蒸发有直接影响，不可忽视。在风沙较大的地区，当覆盖材料不易固定或不适合覆盖养护的部位，易搭防风棚养护；当阳光强烈、温度较高时，还需有隔热遮阳的功能。

日平均气温 -15℃ ~ -10 ℃时，除可采用综合蓄热法外，还可采用暖棚法。暖棚法养护是一种将被养护的混凝土构件或结构置于搭设的棚中，内部设置散热器、排管、电热器或火炉等加热棚内空气，使混凝土处于正温环境养护并保持混凝土表面湿润的方法。暖棚构造最内层为阻燃草帘，防止发生火灾，中间为篷布，最外层为彩条布，主要作用是防风、防雨，各层保温材料之间的连接采用 8" 铅丝绑扎。搭设前要了解历年气候条件，进行抗风荷载计算；搭设时应注意在混凝土结构物与暖棚之间要留足够的空间，使暖空气流通；为降低搭设成本和节能，应注意减少暖棚体积；同时应围护严密稳定、不透风；采用火炉做热源时，要特别注意安全防火，应将烟或燃烧气体排至棚外，并应采取措施防止烟气中毒和防火。

暖棚法养护的基础是温度观测，对暖棚内的温度，已浇筑混凝土内部温度、外部温度，测温次数的频率，测温方法都有严格的规定。

暖棚内的测温频率为每 4 h 一次，测温时以距混凝土表面 50 cm 处的温度为准，取四边角和中心温度的平均数为暖棚内的气温值；已浇筑混凝土块体内部温度，用电阻式温度计等仪器观测或埋设孔深大于 15cm，孔内灌满液体介质的测温孔，用温度传感器或玻璃温度计测量。大体积混凝土应在浇筑后 3d 内加密观测温度变化，测温频率为内部混凝土 8h 观测 1 次，3d 后宜 12 h 观测 1 次。外部混凝土每天应观测最高、最低温度，测温频率同内部混凝土；气温骤降和寒潮期间，应增加温度观测次数。

值得注意的是，混凝土的养护并不仅仅局限于混凝土成型后的养护。低温环境下，混凝土浇筑后最容易受冻的部位主要是浇筑块顶面、四周、棱角和新混凝土与基岩或旧混凝土的接合处，即使受冻后做正常养护，其抗压强度仍比未受冻的正常温度下养护 28~60d 的混凝土强度低 45%~60%，抗剪强度即使是轻微受冻也降低 40% 左右。因此，浇筑大面积混凝土时，在覆盖上层混凝土前就应对底层混凝土进行保温养护，保证底层混凝土的温度不低于 3 ℃。混凝土浇筑完毕后，外露表面应及时保温，尤其是新老混凝土接合处和边角处应做好保温，保温层厚度应是其他保温层厚度的 2 倍，保温层搭接长度不应小于 30cm。

## 五、养护剂养护

养护剂养护就是将水泥混凝土养护剂喷洒或涂刷于混凝土表面，在混凝土表面形成一层连续的不透水的密闭养护薄膜的乳液或高分子溶液。当这种乳液或高分子溶液挥发时，迅速在混凝土体的表面结成一层不透水膜，将混凝土中大部分水化热及蒸发水积蓄下来进行自养。由于膜的有效期比较长，可使混凝土得到良好的养护。喷刷作业时，应注意在混凝土无表面水，用手指轻擦过表面无水迹时方可喷刷养护剂。使用模板的部位在拆模后立即实施喷刷养护作业，喷刷过早会腐蚀混凝土表面，过迟则混凝土水分蒸发，影响养护效果。养护剂的选择、使用方法和涂刷时间应按产品说明并通过试验确定，混凝土表面不得使用有色养护剂。养护剂养护适用于难以用洒水养护及覆盖养护的部位，如高空建筑物、闸室顶部及干旱缺水地区的混凝土结构，但养护剂养护对施工要求较高，应避免出现漏刷、漏喷及不均匀涂刷现象。

### 六、总结

1. 洒水养护适合混凝土的早期养护，为防止干缩裂缝的产生，低塑性混凝土养护是混凝土浇筑的紧后工作，即在浇筑完毕后立即喷雾养护。

2. 覆盖养护适合风沙大、不宜搭设暖棚的舱面，不适用于外形坡面、直立面、弧形结构。覆盖材料可视环境温度选择单层或多层。

3. 蓄热养护适合室外最低温度不低于 -15 ℃时，地面以下的工程，或表面系数 M<5 的结构。蓄热养护与混凝土的浇筑、振捣应同时进行，以防止表面水分蒸发，减少热量失散。

4. 搭棚养护适合于有防风、隔热、遮阳需要的混凝土养护或低温环境下，日平均气温 -15℃ ~-10℃时的混凝土养护；为避免混凝土受冻，浇筑大面积混凝土时，在覆盖上层混凝土以前就应对底层混凝土进行保温养护。

5. 养护剂养护适合难以洒水养护及难以覆盖养护的部位，如高空建筑物、闸室顶部及干旱缺水地区的混凝土结构，施工中要避免出现漏刷、漏喷及不均匀涂刷现象。

6. 水工混凝土的养护方法应根据现场条件环境的温度与湿度、结构部位、构件或制品情况、原材料情况以及对混凝土性能的要求等因素，结合热工计算的结果来选择一种或多种合理的养护方法，满足混凝土的温控与湿控要求。

## 第八节　大体积水工混凝土施工

### 一、大体积混凝土的定义

大体积混凝土指的是最小断面尺寸大于 1 m 的混凝土结构，其尺寸已经大到必须采用相应的技术措施妥善处理温度差值，合理解决温度应力并控制裂缝开展的混凝土结构。大体积混凝土的特点如下：结构厚实，混凝土量大，工程条件复杂（一般都是地下现浇钢筋混凝土结构），施工技术要求高，水泥水化热较大（预计超过 25 ℃），易使结构物产生温度变形。大体积混凝土除对最小断面和内外温度有一定的规定外，对平面尺寸也有一定限制。

## 二、具体的施工方式

1. 选择合适的混凝土配合比

某工程由于施工时间紧、材料消耗大，混凝土一次连续浇筑施工的工作量也比较大，所以选择以商品混凝土为主，其配合比以混凝土公司实验室经过试验后得到的数据为主。

混凝土坍落度为 130~150 mm，泵送混凝土水灰比需控制在 0.3~0.5，沙率最好控制在 5%~40%，最小水泥用量在 ≥300kg/m 才能满足需要。水泥选择质量合格的矿渣硅酸盐水泥，需提前一周把水泥入库储存，为避免水泥出现受潮，需要采取相应的预防措施。采用碎卵石作为粗骨料，最大粒径为 24 mm，含泥量在 1% 以下，不存在泥团，密度大于 2.55 V/m$^3$，超径低于 5%。选择河沙作为细骨料，通过 0.303 mm 筛孔的沙大于 15%，含泥量低于 3%，不存在泥团，密度大于 2.50 Vm$^3$。膨胀剂（UEA）掺入量是水泥用量的 3.5%，从试验结果可知这种方式达到了理想的效果，能够降低混凝土的用水量、水灰比、使混凝土的使用性能大大提高。选择Ⅱ级粉煤灰作为混合料，细度为 7.7%~8.2%，烧失量为 4% ~ 4.5%，$SO_2$ 含量 ≤1.3%，由于矿渣水泥保水性差，因而粉煤灰取代水泥用量 15%。

2. 相关方面的情况

（1）混凝土的运输与输送。

检查搅拌站的情况，主要涉及每小时混凝土的输出量、汽车数量等能否满足施工需要，根据需要制定相关的供货合同。通过对 3 家混凝土搅拌情况进行对比研究，得出了混凝土能够满足底板混凝土的浇筑要求。以混凝土施工的工程量作为标准，此次使用了 5 台 HBT-80 混凝土泵实施混凝土浇筑。

（2）考虑到底板混凝土是抗渗混凝土，利用 UEA 膨胀剂作为外加剂。

（3）为满足外墙防水需要，外墙根据设计图设置水平施工缝。吊模部分在底板浇筑振捣密实后的一段时间进行浇筑，以中 16 钢筋实施振捣，使 300 mm 高吊模处的混凝土达到稳定状态为止，外墙垂直施工缝需要设置相应的止水钢板。每段混凝土的浇筑必须持续进行，并结合振捣棒的有效振动来制定具体的浇筑施工方式。

（4）浇筑底板上反梁及柱帽时选择吊模，完成底板浇筑后 2 h 进行浇筑，此标准范围内的混凝土采用中 16 钢筋进行人工振捣。

（5）为防止浇筑时泵管出现较大的振动扰动钢筋，应该把泵管设置于在钢管搭设的架子上，架子支腿处满铺跳板。

（6）在施工前做好准备措施，主要包括设施准备、场地检查、检测工具等，并为夜间照明做好准备。

## 三、控制浇筑工艺及质量的途径

1. 工艺流程

工艺流程主要包括前期施工准备、混凝土的运输、混凝土浇筑、混凝土振捣、找平、混凝土维护等。

2. 混凝土的浇筑

（1）在浇筑底板混凝土时需要根据标准的浇筑顺序严格进行。施工缝的设置需要固定于浇带上，且保持外墙吊模部分比底板面高出 320 mm，在此处设置水平缝，底板梁吊模比底板面高出 400~700 mm，这一处需要在底板浇筑振捣密实后再完成浇筑。采用中 16 钢筋实施人工振捣，确保吊模处混凝土振捣密实。在浇筑过程中需要保持浇筑持续进行，结合振捣棒的实际振动长度分排完成浇筑工作，避免形成施工冷缝。

（2）膨胀加强带的浇筑，根据标准顺序浇筑到膨胀带位置后需要运用 C35 内掺 27kg/$m^3$PNF 的膨胀混凝土实施浇筑。膨胀带主要以密目钢丝网隔离为主，钢丝网加固竖向选择中 20@600，厚度大于 1 000 mm，将一道中 22 腰筋增设于竖向筋中部。

3. 混凝土的振捣

施工过程中的振捣通过机械完成，考虑到泵送混凝土有着坍落度大、流动性强等特点，因为使用斜面分两层布料施工法进行浇筑，振捣时必须保证混凝土表面形成浮浆，且无气泡或下沉才能停止。施工时要把握实际情况，禁止漏振、过振、摊灰与振捣需要从合适的位置进行，以免钢筋及预埋件发生移动。由于基梁的交叉部位钢筋相对集中，振捣过程中要留心观察，在交叉部位面积小的地方从附近插振捣棒。对于交叉部位面积大的地方，需要在钢筋绑扎过程中设置 520 mm 的间隔，且保留插棒孔。振捣时必须严格根据操作标准执行，浇筑至上表面时根据标高线用木杠或木抹找平，以保证平整度达到标准再施工。

4. 底板后浇带

选择密目钢丝网隔开，钢丝网加固竖向以中 20@600 为主，底板厚度控制在 900mm 以上，在竖向筋中部设置一道中 22 腰筋。施工结束后将其清扫干净，并做好维护工作。膨胀带两侧与内部浇筑需要同时进行，内外高差需低于 350mm。

5. 混凝土找平

底板混凝土找平时需要把表层浮浆汇集在一起，人工方式清除后实施首次找平，将平整度控制在标准范围内。混凝土初凝后终凝前实施第二次找平，主要是为了将混凝土表面微小的收缩缝除去。

6. 混凝土的养护

养护对大体积混凝土施工是极为重要的工作，养护的最终目的是保证合理的温度和湿度，这样才能使混凝土的内外温差得到控制，以保证混凝土的正常使用功能。在大面积的底板面中通常使用一层塑料薄膜后二层草包做保温保湿养护。养护过程随着混凝土内外温差、降温速率继续调整，以优化养护措施。结合工程实际后可适当增加维护时间，拆模后应迅速回土保护，并避免受到骤冷气候影响，以防出现中期裂缝。

7. 测温点的布置

承台混凝土浇筑量体积较大，其地下室混凝土浇筑时间多在冬季，需要采用电子测温仪根据施工要求对其测温。混凝土初凝后 3 d 持续每 2 h 测温 1 次，将具体的温度测量数据记录好，测温终止时间为混凝土与环境温度差在 15 ℃内，对数据进行分析后再制订相应的施工方案以实现温差的有效控制。

## 四、注意事项

1. 泌水处理

对于大体积混凝土浇筑、振捣时经常发生泌水问题，当这种现象严重时，会对混凝土强度造成影响。这就需要制定有效措施对泌水进行消除。通常情况下，上涌的泌水和浮浆会沿着混凝土浇筑坡面流进坑底。施工中按照施工流水情况把多数泌水引入排水坑和集水井坑内，再用潜水泵抽排掉进行处理。

2. 表面防裂施工技术的重点

大体积泵送混凝土经振捣后经常出现表面裂缝。在振捣最上一层混凝土过程中需要把握好振捣时间，以防止表面出现过厚的浮浆层。外界气温也会引起混凝土表面与内部形成温差，气温的变化使温差大小难以控制。浇捣结束用 2 m 长括尺清理剩下的浮浆层，再把混凝土表面拍平整。在混凝土收浆凝固阶段禁止人员在上面走动。

# 第七章　水利建设中的环境保护

可持续发展已广泛被各国政府和学者所关注，水资源是可持续发展的基本支撑条件之一，保证水资源的可持续利用是可持续发展的基本要求。本章在简单介绍可持续发展理论及水资源可持续利用的概念和内涵的基础上，阐述了水资源可持续利用的评价、措施及其相关政策制度等内容。

## 第一节　可持续发展战略

### 一、可持续发展战略

生存与发展是人类社会的永恒主题。随着农耕业的出现，人类从自然生态系统的食物链中解脱出来以后，建立了农业社会和农业文明。18 世纪“工业革命”以后，人类改造自然、利用资源的能力空前提高，生产力快速发展，消费欲望高度膨胀，同时也产生了人口增长、资源短缺、环境恶化及生态危机等一系列问题。直到 20 世纪 80 年代，经过不断探索和反复酝酿，可持续发展的观念逐步形成，并受到国际社会的极大关注。1987 年世界环境与发展委员会发表了布伦特兰报告——《我们的共同未来》，呼吁世界各国维护资源，保护环境，开辟持续发展的道路，并把“可持续发展”定义为:“既满足当代人的需要，又不对后代人满足其需要的能力构成危害的发展。”1992 年，在巴西召开的“世界环境与发展大会”，提出了纲领性文件——《21 世纪议程》，它明确指出:“将可持续能力纳入经济管理的第一步。”

实现可持续发展是人类面向未来的理性选择，是世界各国共同面临的重大而紧迫的任务。可持续发展思想的内涵与外延是极其丰富的。社会发展的不同阶段，强调的重点也不相同。当前，可持续发展思想注重长远发展和发展的质量，强调人口、资源、环境、经济和社会的协调发展，根本目的是提高人类生活质量，促进全社会今天和明天的健康发展；包含了满足当代人与后代人的需求、国家主权、国际公平、自然资源、生态承载力、环境和发展相结合等重要内容。

由于世界的复杂性和社会经济发展水平的不同以及文化背景的差异，可持续发展作为世界各国的共同纲领，不同国家与地区可以根据自身的基础、条件、特点和要求确定不同的发展模式。中国作为发展中国家，实施可持续发展战略，把“发展”作为核心，把“协调”和“公平”作为持续发展的基础与条件。“发展”指的是促使经济不断增长、社会不断进步、人类财富不断增加，从而满足当代人和后代人不断增长的物质和精神需求。在发展过程中，强调社会、经济和生态环境“协调”，社会结构均衡有序，经济运行健康顺畅，生产方式优化高效，生活消费科学有度，人与生态关系和谐。在发展过程中，注重“公平”，国家之间、国内不同区域之间、当代人和后代人之间以公正的原则担负起各自的责任，以公平的原则使用和管理全人类的资源环境，以合作谅解的精神缩小人际间的认识差异，从而达到社会、经济和生态环境持续、协调发展的目的。

可持续发展的本质是创建与传统方式不同的思维方式与发展模式。在思维方式方面，人类要以最高的智力水平和高度的责任感来规范自己的行为，正确处理“人与自然”和“人与人”两类基本关系，创造一个和谐发展的世界。在发展模式方面，要保持健康状态的经济增长，提高增长的质量、效益，以便较好地满足就业、粮食、能源及其他人类生存所必需的基本要素；经济发展不能以过度消耗资源与损害生态环境为代价，主要依赖人力资源素质的提高、知识与科技创新能力的增长，有利于资源持续利用和生态系统良性循环，达到社会进步、经济繁荣、物质丰富、人际关系和谐、生态环境优美、资源配置代际公平的目的。

## 二、实现可持续发展的宏观机制研究

实现可持续发展的宏观机制，要用系统论的观点来剖析“自然—经济—社会”系统的结构、功能、运行机制与规律。“自然—经济—社会”复合系统可以分解为自然生态、经济、社会三个子系统。

在自然生态子系统中，通过“生产者”（绿色植物）、“消费者”（动物）和“分解者”（微生物）与周围环境进行永无休止的物质循环、能量转换和信息传递，形成自然生产力，为人类提供各种物质、能量和生存环境。“所谓生态平衡，就是在某一特定的条件下，适应环境的生物群体相互制约，使生物群体之间以及生物跟环境之间，维持着某种恒定状态，并且系统内在的调节机能遵循动态平衡的法则，使能量流动、物质循环和信息传递达到一种动态的相对稳定结构状态。”

一个生态系统或生态群落发展到成熟、稳定阶段，其结构（种群类型及其比例，各种群个体数量）及功能（物质循环、能量转换、信息传递等）都处于动态的稳定状态，也就达到了生态平衡。达到生态平衡的系统具有较强的自我调节能力，遇到外界压力或冲击时，只要关键的限制因子不超过生物可承受范围，生态系统就可以调整自身的运行，保持稳定。但是，如果外部干扰超过生态系统的调节能力，就会引起生态失衡，使系统的结构、功能遭到破坏。因此，在经济发展过程中，要通过加强生态环境保护和建设，有效利用自然资源，提高产出率，节省自然资源，保持生态系统的动态平衡，从而以稳定的数量和多样的品种为人类提供生产资料、消费物品和生产生活环境，实现资源持续利用。经济子系统通过社会生产的生产力和生产关系有效结合，形成一系列经济活动来创造社会财富。社会化生产是通过人的体力、智力投入，利用生态子系统提供的物质、能量和环境，创造各种物质产品和精神产品，以满足人类不断增长的需求，同时又将生产、生活的废弃物排放到周围环境中。商品经济包括生产、交换、分配和消费四个环节，以市场交换为纽带、商品价格为杠杆，利用市场配置资源的基础作用和政府的宏观调控作用，在充分就业的前提下实现供给与需求均衡，达到资源最优配置的目的。两个子系统相互依存、相互制约。作为生态子系统基本单元的食物链，经济子系统基本单元的生产—交换—消费链，纵横交错，相互连接，构成立体网状结构。两个子系统的基本矛盾是人类需求不断增长和生产力发展有限、生产不断发展与资源环境容量有限的矛盾。自然生产力和社会生产力是系统运行的动力，这些矛盾的运动推动系统从低级向高级演进。这一演进过程，既遵循生态系统的规律，按照生物生长与进化规律进行自然再生产；又遵循经济规律，通过人类体力和智力的投入，利用自然资源进行社会再生产。人类劳动（其中包括创新劳动和管理劳动）的投入，强化了自然生产力的作用；社会再生产提高了自然再生产的效率，使得物质充分利用、能量有效转化、价值增值迅速、信息有效传递。但是，如果经济活动过度利用自然资源，过多的废弃物排放到环境之中，超过生态环境系统自身的承受能力，生态系统就会失去平衡，甚至崩溃，经济系统也难以实现应有的功能。仅有经济均衡和生态平衡还不够。在此基础上，只有实现生态与经济之间的协调和平衡才能实现可持续发展。人是“自然—经济—社会”系统中最活跃的因素，社会子系统是以一定物质生活为基础而相互联系的人类生活的共同体，是联结与协调生态和经济两个子系统的关键。人是社会的主体，劳动是人类社会生存和发展的前提，物质资料的生产是社会存在的基础。人们在生产中形成的与一定生产力发展状况相适应的生产关系构成社会的经济基础，在这一基础上产生与之相适应的上层建筑。要从总体上协调生态环境与经济的关系。不仅要不断调整生产关系，使之适应先进生产力的发展要求，完善上层建筑使之适应经济基础的需要；而且要充分利用现代科学技术和管理手段以及长期积累的有效经验，顺应自然规律、用适当的方式改造、干扰自然，通过自然资源的综合利用及深度加工使价值增值。既创造更多的社会财富，提高经济效益，又节约自然资源，维护生态平衡，保持良好的自然环境。此外，还要求人类以高度责任感，处理好人与自然的关系，转变传统的自然观、价值观，从自然“征服者”的角色转变为人是自然界的成员，尊重自然规律。在向自然索取的同时，也向自然回馈，有目的地保护与建设生态系统，自控自律、合理消费、节约资源；同时，还要转变传统的伦理道德观念，树立“明天与今天同等重要”的思想，公平、公正地处理当代人之间、当代人与后代人之间的关系。只有当“自然—经济—社会”系统在达到动态的经济均衡、生态平衡的基础上，生态与经济之间协调平衡时，才能实现可持续发展。

## 三、可持续发展能力建设

可持续发展是一个战略目标，也是一个动态发展过程。可持续发展能力的大小，既是衡量可持续发展战略成功程度的标志，又是发展过程中发展能力和精神能力的总和。牛文元将可持续发展能力定义为："一个特定系统成功地延伸到可持续发展目标的能力。"美国的 Hansen.J.W 和 Jones.J.W 这样解释可持续发展能力："一个系统可以达到可持续的水平。"中科院可持续发展研究组认为，可持续发展的能力包括以下方面。

### （一）人口承载能力

这是一个国家或地区人均资源数量和质量对于该区域人口生存和发展的支撑条件，也可以称为"基础支撑能力"。如果该区域的资源和环境能够满足当代人的生存和发展的需要，又为后代人的生存发展奠定了基础，则具备了可持续发展的基本条件。如果在自然条件下达不到这一条件，就必须通过控制人口增长、依靠科技进步提高资源利用率或者寻求替代资源等措施，使资源环境能够满足该区域人口生存和发展的需要。"基础支撑能力"以供养人口并保证延续为标志。

### （二）区域生产能力

这是一个国家或地区的资源、人力、技术和资本能够转化为产品和服务的总体能力，也称为"动力支持能力"。在现代社会，人们已经不满足初步地利用自然状态下的"第一生产力"（通过光合作用利用太阳能），而且要进一步通过利用不可再生资源，依靠多种要素组合，以更高的效率，生产更多的产品，满足除了维持生存以外的更多、更高的需求。可持续发展要求这一能力在不危及其他能力和子孙后代的发展基础的前提下，能够与人的进一步需求同步增长。

### （三）环境缓冲能力

人类对区域的开发、资源的利用、经济的发展、废物的处理等都应该维持在资源环境的允许容量之内，也称为"容量支持能力"。人类的生存支持系统和发展支持系统必须在环境支持系统的允许范围之内才能不断增长。这样，资源环境的缓冲力、自净力、抗逆力以及它们之间的平衡与协调就显得非常重要。

### （四）社会稳定能力

在人类社会经济发展过程中，不能由于出现自然干扰（如大的自然灾害或不可抗拒的外力干扰等）和社会经济系统的波动（如战争、重大决策失误等）而带来灾难性后果，通常也称为"过程支持能力"。为此，提高社会—经济—生态环境系统的抗干扰能力、应变能力和系统的弹性、稳健性十分重要。只有具备社会稳定能力，系统一旦受到某种干扰或冲击后，它的抗冲击能力才是强劲的，重建过程才是迅速的。

### （五）管理调节能力

可持续发展要求人的认识能力、行为能力、决策能力和创新能力能够适应总体发展水平，一般称为“智力支持能力”。也就是人的智力发展和对于社会—经济—生态环境系统的驾驭能力与发展水平是适应的。管理调节能力关系到一个国家、地区的制度合理程度和完善程度，涉及教育水平、科技竞争力、管理水平和决策水平。上述五方面的能力是相互联系、不可分割的。任何一个国家、地区可持续发展能力的形成、培育和增强，绝不是某一方面能力的单独作用，而是所有方面共同支持的结果。再者，任何一方面能力的削弱、丧失，将或早或迟导致可持续发展能力的毁坏。它们之间的相互关系大致可以概括为人口承载能力是可持续发展的基础支撑，区域生产能力是动力牵引，环境缓冲能力是安全屏障，社会稳定能力使系统有序运行，管理调节能力是驾驭系统的关键。可持续发展作为一个动态过程，可持续发展能力建设是一个永无止境的过程。联合国《21 世纪议程》对于可持续发展能力的建设明确表述为：“一个国家的可持续发展能力，在很大程度上取决于在其生态和地理条件下人民和体制的能力。具体地讲，能力建设包括一个国家在人力、科学、技术、组织、机构和资源方面的能力培养和增强。能力建设的基本目标就是提高对政策的发展模式评价和选择的能力，这个能力提高的过程是建立在其国家的人民对环境限制与发展需求之间关系的正确认识的基础上的。所有国家都有必要增强这个意义上的国家能力。”具体来说，可持续发展的能力建设包括以下几个方面：

1. 生态环境保护与建设。自然生态环境是经济建设的条件，又为生产提供物质资源。采取开发与节约并举、把节约放在首位的资源利用方针，坚持“在保护中开发、在开发中保护”的原则，努力提高资源利用率。优化人力资源和自然资源的组合，坚持用高新技术改造传统产业，改变资源消耗过度的局面。探索新的经济发展模式，以高新技术为切入点，对资本、人力和资源的传统关系进行变革，以更少的资源，制造更多的产品，创造更多的就业机会，获取更多的收入，增加更多的社会财富。转变消费方法，逐步建立起资源节约型社会。

2. 基础设施建设。基础设施是一个地区社会、经济活动的基本载体，它反映了一个地区物质、能量与信息、知识交流的能力。

3. 人力资源培养。不仅包括劳动者的数量，更重要的是劳动者的综合素质。人力资源是一个地区社会经济发展的直接推动力。人力资源的培养既要发展适合当地需要的教育体系，也要形成留住人才、吸引人才、优秀人才脱颖而出的良好环境。

4. 资本聚集能力的培育。资本是融通、聚集资源要素的关键，也是区域发展的直接推动力；而融资的关键是引进技术、人才和管理能力。融资有许多措施，比如优惠政策融资、利用资源或市场融资、科技成果融资、营造优良环境融资等。在激烈的竞争中，后两种措施更具有活力和持久性。

5. 科技创新能力的提高。科技创新能力不仅包括区域自主创新能力，对经济欠发达地区，促进科技成果转化为直接生产力，引进、吸收、推广、应用先进技术，在一定阶段内可能更为重要。

6. 体制创新能力的增强。好的体制可以更有效地聚集、利用资源，增加信息量，减少信息成本和交易成本；加强管理，形成良好的市场秩序和社会信用，能够规避或减少风险。

7. 观念创新与先进文化建设。社会主义市场经济的健康发展要依靠优秀的道德传统、社会主义精神文明与科学信仰来统一思想、形成合力、减少摩擦。要以最高的智力水平和高度责任感来规范社会、经济行为，创造一个和谐发展的局面。

# 第二节 水资源持续利用

## 一、水资源可持续利用评价

水资源可持续利用评价是以区域自然环境、经济社会发展相互作用关系为基础，对不同阶段水资源开发利用所导致的生态过程、经济结构、社会组成的动态变化进行评价，揭示区域水资源可持续利用的程度，提出水资源开发利用的方向，是一个具有方向性的评判过程。其方法是通过对区域水资源影响因素和供需情况的分析，建立相应的评判指标体系及等级评价模型，将众多的评价指标转化为单个综合指标，进而判断区域水资源可持续利用的程度。

### （一）水资源可持续利用指标体系的构建

1. 水资源可持续利用的影响因素

根据 Bossel 可持续发展影响因素分析，水资源可持续利用的影响因素可归纳为如下几个方面：

（1）极限需水量（CI）

极限需水量指在一定的时空尺度经济技术水平和生态环境保护目标下，社会经济、环境发展所需求的最小需水量，其计算式为需水量 = 农业需水 + 工业需水 + 城市需水 + 生态与环境需水。

（2）水资源储量的有限性（C2）

水资源是在天然水循环系统中形成的一种动态资源，总是处在不断地开采、补给、消耗和恢复循环中，某一时期，如果消耗水量超过该时期的水量补给量，则会造成一系列不良的环境问题。因此，水循环过程是无限的，水资源的储量是有限的。

（3）水资源承载力（C3）

水资源承载力即在未来的时间尺度上，一定生产条件下，在保证正常的社会文化准则和物质生活水平下，在一定区域用直接或间接方式表现的资源所能持续供养的人口数量，表明了在某一历史发展阶段水资源可能达到的最大承载能力。

（4）水环境容量（C4）

在水环境容量对污染物自净同化能力允许的范围之内，通过合理的开发利用方式，有效地提高水环境承载力对人类各种生产活动的支持程度，最终使之产生最佳的社会与环境综合效益。

（5）社会制度和经济发展（C5）

一定的社会、政治制度都会影响对水资源可持续的接受。经济发展的速度决定了水资源的消耗对水环境的影响。

（6）伦理价值（C6）

一定社会的文化价值、伦理标准影响着水资源的公平分配。

（7）水资源工程管理体制（C7）

水资源工程是为可持续发展提供供水的设施，工程的好坏和管理体制直接影响着水资源系统的供水。

（8）科学技术（C8）

随着科学技术的进步，通过节约用水，提高工程的安全保障和水的利用率，减少环境污染，进而提高水资源的可持续性。

水资源可持续利用由于受到上述因素约束，其可持续利用空间等于上述 8 种约束因素的交集空间，即水资源可持续利用空间 =C1 ∩ C2 ∩ C3 ∩ C4 ∩ C5 ∩ C6 ∩ C7 ∩ C8。将上述 8 个方面的影响因素归结为水资源、社会经济、生态环境三个系统，若以单位圆表示它们的发展空间，则水资源可持续利用空间 = 水资源∩社会经济∩生态环境，这三个系统相互作用、相互制约。水资源禀赋条件作为水资源可持续开发利用的基础，对其有直接的支撑作用，生态环境和社会经济系统对水资源可持续开发利用具有约束作用。

2. 水资源可持续利用指标体系的建立

水资源可持续发展以经济的可持续发展为前提，以社会的可持续发展为目标，以生态环境和水资源的可持续利用为基础，因此应从水资源、社会经济以及生态环境这三个子系统之间的物质流量和相互影响入手构建水资源可持续利用评价指标体系。根据上述水资源可持续利用的影响因素，将水资源可持续利用的评价指标分为由目标层、准则层、约束层和指标层构成的层次体系，其中目标层由准则层反映，准则层由约束层描述，约束层再细化为具体的指标层加以体现。

目标层设立“水资源可持续利用程度”，它是水资源系统发展水平与经济社会、环境协调程度的体现，综合反映水资源可持续利用程度；准则层设立“水资源开发利用”“社会经济”和“生态环境”三个方面，充分考虑了水资源、社会经济和生态环境对水资源可持续利用的影响。

3. 水资源可持续利用指标的评价标准

为了定量表达水资源可持续利用状态。将其划分为高（Ⅰ级）、较高（Ⅱ级）、中（MI级）、较低（Ⅳ级）、低（Ⅴ级）五个级别，单项指标标准值也按此级别分别确定。Ⅰ级对水资源可持续利用非常有利，表明水资源开发利用还有很大潜力可以挖掘；Ⅴ级对水资源可持续利用非常不利，表明水资源开发利用已经接近极限，需要寻找新的水源或进一步提高用水效率及强化节水；其他级别则属中间状态。水资源可持续利用指标的评价标准是评价的准绳，但目前国内外还没有公认的可持续利用标准和方法。

## （二）水资源可持续利用评价模型

1. 指标权重的确定

权重是以某种数量形式对比、权衡被评价事物总体中诸因素相对重要程度的量值。它既是决策者的主观评价，又是指标本身物理属性的客观反映，是主客观综合度量的结果。权重主要取决于两个方面：一是指标本身在决策中的作用和指标价值的可靠程度；二是决策者对该指标的重视程度。指标权重的合理与否在很大程度上影响着综合评价的正确性和科学性。

目前，确定指标权重的方法大致分为三类，即主观赋权法、客观赋权法和组合赋权法。主观赋权法，根据决策者（专家）对指标的重视程度来确定指标权重，其权重数据主要根据经验和主观判断给出，如层次分析法（AHP）、二元对比法和专家调查法（Delphi 法）等。客观赋权法。其权重数据由各指标在被评价过程中的实际数据处理产生，如主成分分析法、熵权法和多目标规划法等。这两类方法各有其优缺点，主观赋权法的各项指标权值由专家根据个人的经验和判断主观给出，实施简便易行但易受主观因素影响，具有较大的主观性、随意性；客观赋权法的主观性较小，但所得权值受参加评价的样本制约，有时不同的样本集得出的评价结果差别较大，并且不同的计算方法在同一组数据下得到的结果也不尽相同。因此，融合主客观权重的组合赋权法随之产生。组合赋权法，其权重数据由主、客观权重有机结合，既能体现人的经验判断，又能体现指标的客观特性。组合赋权法主要有乘法组合权重法、加法组合权重法、线性加权法和多属性决策赋权法等。

近几年，层次分析法在许多领域得到应用，这种多层次分别赋权法可以避免大量指标同时赋权的混乱与失误，从而提高赋权的简便性和准确性。下面介绍层次分析法确定指标权重的计算步骤。

（1）建立问题的递阶层次结构。在深入分析所面临问题的基础上，将问题中所包含的因素划分为不同层次，建立递阶层次结构。

（2）构造判断矩阵。判断矩阵的构造方法是将同一层次的指标进行两两比较，其比较结果按 Salty 的 1~9 标度法表示。

2. 评价方法

目前，水资源可持续利用的评价方法主要包括以下几种：

（1）定性分析法；

（2）系统评价法；

（3）综合评价方法，包括主成分分析法和因子分析法；

（4）协调度法；

（5）模糊综合评价法；

（6）灰色聚类评价法。

其中，“模糊综合评价法”是模糊数学所提供的解决模糊现象的评估问题的一种数学模型。一般而言，影响区域水资源可持续利用的因素是多方面的，等级划分本身具有中间过渡不分明性或者说相邻等级之间的界限具有模糊性，加之评价指标体系本身是多级的，故下面介绍模糊综合评价法的计算过程。

## 二、水资源可持续利用措施

影响区域水资源可持续利用的因素很多，提高水资源可持续利用的措施也就应有针对性。因此，应在第二节的评价成果中，确定影响一个区域水资源可持续利用的主要指标，针对这些指标采取应对策略。在此，针对我国水资源利用的现状提出水资源可持续利用的措施。

### （一）实施最严格的水资源管理制度

2011 年中央一号文件确定了实施最严格水资源管理制度的方针，即用水总量控制制度、用水效率控制制度和水功能区限制纳污制度。要实现水资源可持续利用，必须严格贯彻执行此项制度。

1. 严格用水总量控制

在 2011 年中央一号文件中明确提出，到 2030 年全国用水总量控制在 7000 亿 $m^3$ 以内。为实现总量控制目标，必须实行严格管理措施。

（1）严格规划管理和水资源论证

开发利用水资源，应当符合主体功能区的要求，按照流域和区域统一制订规划，充分发挥水资源的多种功能和综合效益。建设水工程，必须符合流域综合规划和防洪规划，由有关水行政主管部门或流域管理机构按照管理权限进行审查并签署意见。加强相关规划和项目建设布局水资源论证工作。国民经济和社会发展规划以及城市总体规划的编制、重大建设项目的布局，应当与当地水资源条件和防洪要求相适应。严格执行建设项目水资源论证制度，对未依法完成水资源论证工作的建设项目，审批机关不予批准。

（2）严格控制流域和区域取用水总量

加快制订主要江河流域水量分配方案，建立覆盖流域和省、市、县三级行政区域的取用水总量控制指标体系，实施流域和区域取用水总量控制，各地要按照江河流域水量分配方案或取用水总量控制指标，制订年度用水计划。依法对本行政区域内的年度用水实行总量管理。建立健全水权制度，积极培育水市场，鼓励开展水权交易，运用市场机制合理配置水资源。

（3）严格实施取水许可和水资源有偿使用

严格规范取水许可审批管理，对取用水总量已达到或超过控制指标的地区，暂停审批建设项目新增取水；对取用水总量接近控制指标的地区，限制审批建设项目新增取水。合理调整水资源费征收标准。扩大征收范围，严格水资源费的征收、使用和管理。完善水资源费征收、使用和管理的规章制度，严格按照规定的征收范围。标准和程序征收，并合理地将水资源费用于水资源节约。

（4）严格地下水管理和保护

加强地下水动态监测，实行地下水取用水总量控制和水位控制。要核定并公布地下水禁采和限采范围。在地下水超采区，禁止农业、工业建设项目和服务业新增取用地下水，并逐步削减超采量，实现地下水采补平衡，深层承压地下水原则上只能作为应急和战略储备水源，依法规范机井建设审批管理。

2. 严格用水效率控制

针对用水效率低下、用水浪费的现象，国家提出建立用水效率控制制度，明确到2030年用水效率达到或接近世界先进水平，万元工业增加值用水量（以2000年不变价计）降低到40m$^3$以下，农田灌溉水有效利用系数提高到0.6以上，加强用水效率控制的主要措施包括以下几个方面：

（1）全面加强节约用水管理

各级政府要切实履行推进节水型社会建设的责任，把节约用水贯穿于经济社会发展和群众生活、生产全过程，建立健全有利于节约用水的体制和机制，稳步推进水价改革。各项引水、调水、取水、供用水工程建设必须首先考虑节水要求；水资源短缺，生态脆弱地区要严格控制城市规模过度扩张，限制高耗水工业项目建设和高耗水服务业发展，遏制农业粗放用水。

（2）强化用水定额管理

加快制定高耗水工业和服务业用水定额国家标准。要根据用水效率控制红线确定的目标，及时组织修订各行业用水定额。对纳入取水许可管理的单位和其他用水大户实行计划用水管理，强化用水监控管理，新建、扩建和改建建设项目应制订节水措施方案，保证节水设施与主体工程的“三同时”制度（同时设计、同时施工、同时投产）。

（3）加快推进节水技术改造

加大农业节水力度，完善和落实节水灌溉的产业支持、技术服务、财政补贴等政策措施，大力发展管道输水喷灌、微灌等高效节水灌溉。加大工业节水技术改造，建设工业节水示范工程；充分考虑不同工业行业和工业企业的用水状况和节水潜力，合理确定节水目标。加大城市生活节水工作力度，大力推广使用生活节水器具，着力降低供水管网漏损率。鼓励并积极发展污水处理回用、雨水和微咸水开发利用、海水淡化和直接利用等非常规水源开发利用，将非常规水源开发利用纳入水资源统一配置。

3. 严格实行水功能区限制纳污

针对水质污染严重的局面，国家提出了水资源保护的目标，确立水功能区限制纳污红线。到2030年将主要污染物入河湖总量控制在水功能区纳污能力范围之内，水功能区水质达标率提高到95%以上。为实现这个目标，必须采取以下严格措施：

（1）严格水功能区监督管理

完善水功能区监督管理制度，建立水功能区水质达标评价体系，加强水功能区动态监测和科学管理。从严核定水域纳污容量，严格控制入河湖排污总量。切实加强水污染防控，加强工业污染源控制。加大主要污染物减排力度，提高城市污水处理率，改善重点流域水环境质量，防治江河湖库富营养化。严格入河湖排污口监督管理，对排污量超出水功能区限排总量的地区，限制审批新增取水和入河湖排污口。

（2）加强饮用水水源保护

要依法划定饮用水水源保护区，开展重要饮用水水源地安全保障达标建设。禁止在饮用水水源保护区内设置排污口，对已设置的，政府部门应责令限期拆除。加强水土流失治理，防治面源污染，禁止破坏水源涵养林。强化饮用水水源应急管理，完善饮用水源地突发事件应急预案，建立备用水源。

（3）推进水生态系统保护与修复

开发利用水资源应维持河流合理流量和湖泊、水库以及地下水的合理水位，充分考虑基本生态用水需求，维护河湖健康生态。加强重要生态保护区、水源涵养区、江河源头区和湿地的保护，开展内源污染整治，推进生态脆弱河流和地区水生态修复。定期开展全国重要河湖健康评估，建立健全水生态补偿机制。

4. 2020年水资源管理工作要点

2020年，水资源管理工作将深入学习领会习近平总书记生态文明思想、“3·14”重要讲话精神、在黄河流域生态保护和高质量发展座谈会上的重要讲话精神，坚持以水而定、量水而行，坚持把水资源作为最大的刚性约束，认真贯彻落实水利改革发展总基调，以解决水资源短缺、水生态损害等突出问题为导向，以“合理分水，管住用水”为工作目标，进一步强化水资源监管基础，落实强监管各项措施，提升水资源监管能力和水平，抑制不合理用水需求，推动解决水资源过度开发利用问题，促进生态文明建设和高质量发展。

## （二）强化水资源统一调度，提高防洪抗旱能力

1. 强化水资源统一调度，优化水资源配置格局

流域管理机构和地方人民政府水行政主管部门要依法制订和完善水资源调度方案、应急调度预案和调度计划，对水资源实行统一调度。区域水资源调度应当服从流域水资源统一调度，水力发电、供水、航运等调度应当服从流域水资源统一调度。从“需求管理”的原则出发，优化水资源战略配置格局，在保护生态前提下，加快建设一批骨干水源工程和

河湖水系连通工程，提高水资源调控水平和供水保障能力，增加水资源可利用量，实现洪水资源化。

2. 加快河流综合治理

大江大河的防洪安全是水资源可持续利用的基础，故需提高大江大河的防洪标准，主要措施如下：建设流域防洪控制性水利枢纽，提高调蓄洪水的能力；加快城市防洪排涝工程建设，提高城市排洪标准；推进海堤建设和跨界河流整治。加快中小河流治理是完善防洪减灾体系的迫切需要，故需从完善我国江河防洪体系、确保防洪安全的高度，加快中小河流治理，提高防洪能力，保障人民群众的生命财产安全和经济社会可持续发展。

3. 提高防汛抗旱应急能力

健全防洪抗旱统一指挥分级负责、部门协作、反应迅速、协调有序、运转高效的应急管理机制，加强监测预警能力建设，整合资源，提高雨情、汛情、旱情预报水平。建立专业化与社会化相结合的应急抢险救援队伍，健全应急抢险物资储备体系，完善应急预案；建立一批规模合理、标准适度的抗旱应急水源工程，建立应对特大干旱和突发水安全事件的水源储备制度。

## （三）加强水资源管理的保障措施

1. 建立水资源管理责任和考核制度

要将水资源开发、利用、节约和保护的主要指标纳入地方经济社会发展综合评价体系，地方人民政府主要负责人对本行政区域水资源管理和保护工作负总责。国务院对各省、自治区、直辖市的主要指标落实情况进行考核，水利部会同有关部门具体组织实施，考核结果作为地方人民政府相关领导干部和相关企业负责人综合考核评价的重要依据。有关部门要加强沟通协调，水行政主管部门负责实施水资源的统一监督管理，发展改革、财政、环境保护、住房城乡建设、监察、法制等部门按照职责分工，各司其职，密切配合，形成合力，共同做好水资源管理工作。

2. 完善水资源管理体制

进一步完善流域管理与行政区域管理相结合的水资源管理体制，切实加强流域水量与水质、地表水与地下水、供水与排水等的统一规划、统一管理和统一调度。强化城乡水资源统一管理，对城乡供水、水资源综合利用、水环境治理和防洪排涝等实行统筹规划、协调实施，促进水资源优化配置。

3. 完善水资源管理投入机制

要拓宽投资渠道，建立长效、稳定的水资源管理投入机制，保障水资源节约、保护和管理工作经费，对水资源管理系统建设、节水技术推广与应用、地下水超采区治理、水生态系统保护与修复等给予重点支持，中央和地方财政应加大对水资源节约、保护和管理的支持力度。

## 第三节　水利工程建设与生态环境系统的关系

由于水资源的自然属性，天然径流在空间与时间、水量与水质方面都难以直接满足人类社会和生态系统的需求，必须修建一定的水利工程（包括江河治理、水土保持、蓄水、输水和水力发电工程等）对天然径流进行调蓄、重新分配、开发利用、兴利除害，满足社会经济、生态环境等方面的不同需求。中华人民共和国成立 70 多年来，国家先后投入 1500 亿元，人民群众筹资投入 1480 亿元进行了大规模的水利水电工程建设，形成了 3000 多亿元的固定资产。累计修建加固堤防 25 万 km，建成各类水库 8 万多座，形成了 5600 亿 $m^3$ 的年供水能力。1998 年长江、松花江洪水之后到 2002 年，4 年间全国水利建设投资 3562 亿元，扣除价格变动因素，相当于 1950 年到 1997 年全国水利建设投资的总和。一批重大水利设施项目相继开工和竣工。江河堤防加固工程开工 3.5 万 km，完成了长达 3500 多千米的长江干堤和近千千米的黄河堤防加固工程，防洪能力大大增强。举世瞩目的长江三峡水利枢纽二期工程已经完成，黄河小浪底等水利枢纽工程投入运行，南水北调工程开工建设。这些水利工程发挥或即将发挥巨大的防洪、除涝、供水、发电、航运、水产养殖和生态环境保护等综合功能，为保障经济迅速发展和社会进步创造了条件，使得我国以占全球约 6% 的可更新水资源、9% 的耕地，支持了占全球 22% 人口的小康生活和社会经济发展。

### 一、改善生态环境是水利工程的重要功能之一

在自然系统长期的演进过程中，河流、湖泊与水文气象、天然径流、土地、动植物相互适应、相互协调，成为自然生态系统的有机组成部分。与其他工程建筑类似，水利工程作为调节或控制天然径流、开发利用水资源的基础设施，对社会经济会产生了积极的影响，同时在一定程度上干扰、影响着自然生态系统。这些影响，有些是有益的，有些是有害的；有些可以通过生态系统的自适应机制进行调整，适应变化了的环境，以保持种群的生存繁衍，有些则可能使生物种群消亡；有些影响是永久的，有些是周期性的，也有些是短暂的。

随着工程规模的增大，水利工程对控制调节天然径流能力增强，对社会经济和生态环境产生的影响也更显著、广泛、深刻。但是，从本质上讲，水利工程的作用是兴水利除水害，不仅具有显著的社会、经济效益，而且可以促使社会经济和生态环境协调发展，改善生态环境。

1. 减少洪水灾害对生态系统的摧残

超过河流湖泊承载能力、四处泛滥的水流现象称为洪水。虽然洪水是自然生态环境的有机组成部分，但在易受洪水淹没的地方，生态系统结构简单，生物多样性程度降低；发

生不常遇的特大洪水，对自然生态系统是极大的摧残，对某些物种甚至是毁灭性的打击。洪水不仅淹没土地，毁坏社会财富，中断交通、通信和输电，影响生产生活秩序，干扰经济发展；同时还会造成人员伤亡，灾民流离失所，疫病流行。对生态环境而言，洪水淹没土地，摧毁陆生生态系统；破坏河流水系，冲刷地表土层，造成水土流失；致使有害物质扩散，病菌和寄生虫蔓延。洪水是世界上大多数国家的主要自然灾害。水库、堤防和河道整治等水利工程可以控制、调蓄、约束或疏导洪水水流。有些工程（如堤防等）可以使保护范围免遭洪水侵害，保持相对稳定的环境，不仅使荒洲变良田，而且增加了陆生动植物的生存空间；有些工程（如水库、蓄洪区等）可以减小洪水流量，减缓洪灾损失。利用工程措施和非工程措施相结合防灾减灾，可以促使社会稳定、经济发展，保护生态环境，提高环境质量。

2. 缓解干旱对生态系统的危害

水可以使沙漠变为绿洲。持续的干旱导致土地干化、江河断流、湖泊枯竭、地下水水位下降、加剧土地沙化，这些变化都会影响陆生和水生生物的生存与繁衍。干旱还导致地表水污染加剧，海水侵进河口，并使周围地区盐碱化。水利工程为人类生活和社会经济活动提供水源，枯水季节增加了河流流量，有利于水生生物生长繁衍，稀释水体中的污染物质，抵制咸水入侵，抬升地下水水位。特别在严重干旱发生时，水利工程供水可以使生态系统维持水量平衡，包括水热平衡、水沙平衡、水盐平衡等，免受毁灭性的打击。随着人类对生态环境问题的重视，即使在没有严重干旱发生时，许多水利工程也把提供生态环境用水作为运行目标之一。

3. 水力发电是一种清洁能源，替代火电，可以减少大气污染，由此可以减少酸雨产生的面源污染，缓解全球气候变暖的趋势。

4. 修建水库，高峡出平湖，美化了自然景观。许多大型水库库区已成为风景名胜区或旅游休闲场所。

5. 在天然湖泊面积缩减的情况下，水库增加了地表水的面积，对维持全球水文循环有积极意义。

## 二、水利工程对生态环境的不利影响

河流、湖泊是自然生态系统的重要组成部分、全球水循环的重要环节。河流及其集水区域的自然生态系统（包括河道、河势、流量、水位、水流流速、输沙、蒸发、下渗、地下水、地形、地貌、地应力、局部气候、植被及栖息其中的生物种群数量和比例，当地居民的生产生活方式等）是经过千万年的发展与演替，逐步形成的动态平衡系统。水利工程是人类改造自然、利用资源，为人类自身福利服务的设施与手段，也是对自然生态系统的一种干扰、冲击或破坏。在获取社会、经济和生态环境效益的同时，对生态环境也有一定的负面影响，而且有些影响是不可避免的。比如，水库的修建要淹没土地，把陆生生态环境改变为水生生态环境，引起自然生态环境的急剧变化，原有的生态系统几乎全部被破坏，新的系统必须重建。有些必须经过较长时间的“磨合”与演替，才能适应变化，建立新的平衡。特别是利用高坝大库对江河径流过度控制可能会产生较为严重的生态环境问题。比如，埃及尼罗河上的阿斯旺高坝处于半干旱地区，控制流域面积的85%，库容系数（水库总库容与年径流平均值之比β）为2.01，几乎可以对天然径流进行全面控制。在取得巨大的发电、灌溉和防洪效益的同时，对生态环境也产生了许多不利影响。水库淹没了大量耕地、居民点和文物古迹；因蒸发损失许多水量；泥沙淤积，河床下切，海岸线退缩；进入地中海的水量减少，导致近海水循环及水质变化，近海浮游生物减少，影响了沙丁鱼的捕获量；农田灌溉水中的有机质减少，地下水位上升；血吸虫病传染区域增大，等等。

再者，修建水库前，如果对当地的某些自然条件了解不够，对自然规律认识不足，导致水利工程规划、设计或运行调度存在某些失误或缺陷，可能会遭到大自然的无情惩罚，甚至导致灾难性后果。比如，由于对坝址地质构造情况了解不深入，法国东南部的玛尔帕塞拱坝在蓄水不到五年就突然崩溃，损失惨重。意大利的瓦依昂坝蓄水后，由于库区左岸发生大规模山体滑坡，使水库电站全部报废，居民死亡近2000人，其原因在于对库区河道两岸的地质构造了解不够。中华人民共和国成立初期，由于水文资料缺乏，对暴雨、洪水发生规律掌握不够，1975年8月一场特大暴雨，使淮河上游的板桥、石漫滩两座大型水库、其他两座中型水库和56座小型水库全部溃坝失事，造成严重灾难。我国黄河三门峡水利水电枢纽设计时对黄河泥沙规律认识不足，水库建成后，仅在试运行的一年半内，库区淤积严重，淹没大量农田，威胁到西安、咸阳和关中平原的安全。后来两次被迫改建，才基本实现进出库泥沙相对平衡。

但是，并非所有的水利工程都会产生生态环境问题。只要了解客观实际、顺应客观规律，适度干扰自然，趋利避害，水利工程在取得显著的社会、经济效益的同时，也能够取得明显的生态环境效益，都江堰水利工程就是这样的典范。都江堰水利工程位于成都平原扇形三角洲顶部、四川省都江堰市（原灌县）附近的岷江干流上，是战国时期蜀郡守李冰在公元前256—前251年间率领劳动人民修建的。这是一座两级分水、两级排沙的无坝引水工程、工程设计科学，运行合理，效益卓著，活力无穷。2千多年来，不断为中华民族的历史添景增色。如今已发展成为一座具有灌溉、航运和防洪等综合效益的现代大型水利工程。都江堰具有全面效益和强大生命力的重要原因在于，从河流水沙运动的整体出发，通过选择都江鱼嘴、飞沙堰、宝瓶口的合理位置和恰当规模，以调节为手段，发挥自然系统自适应、自组织的内在机制，以简单驾驭复杂，协调平衡各类矛盾，把引水可靠、防洪安全和排沙有效和谐地统一在水沙运动的动态平衡之中，从而取得了社会、经济和生态环境等各方面的多重效益。就是国外的“反坝人士”也不得不承认：“在少数官方组织修建并经得起时间考验的灌溉工程中，著名的都江堰工程是其中之一。”

案例一：三门峡水利工程

三门峡水利水电枢纽位于河南、山西交界的黄河中游下段，控制流域面积的92%，平均入库流量 1330$m^3$/s。中华人民共和国建立初期，我国水利水电建设技术力量不足、经验缺乏，水库主要由苏联水电设计院进行规划设计。设计正常蓄水位 360m，预留 147 亿 $m^3$ 作为堆沙库容。1957 年 4 月工程开工，1958 年对设计方案进行修改，第一期按正常蓄水位 350m 施工（相应库容 360 亿 $m^3$，库容系数 β=0.86），初期运行水位不超过 354m，拦洪水位不超过 33，同时还降低了死水位和泄水孔高程。1960 年 9 月三门峡水利工程建成蓄水，投入运行。由于对黄河泥沙规律认识不足，水库基本建成后，仅在试运行的一年半内，库区淤积严重，330m 高程以下损失库容 15.7 亿 $m^3$，潼关河床抬高 4.31m，渭河口形成拦门沙，潼关以上黄河干流、渭河及北洛河下游严重淤积，淹没农田 25 万亩，两岸农田大片盐碱化，5000 人被库水围困。到 1964 年，库内淤沙已达 50 亿 1335m 高程以下损失库容 40.3%，淤积“翘尾巴”，严重威胁到西安、咸阳和关中平原的安全，水库也有可能报废。

1965 年，根据“在确保西安、确保下游的前提下，实现合理防洪、排沙放淤、径流发电”的原则，水库开始改建，首先将 4 根发电引水钢管改为泄流排沙管，另开 2 个泄洪排沙洞，1966 年汛期开始启用。从 1966 年到 1969 年潼关以下的水库淤沙冲走 2.7 亿，但潼关河床高程仍升高 0.7m，水库中继续增淤 20 亿 t，渭河淤积继续发展，上沿 15.6km。1970 年开始进行第二次改建，打开 8 个施工导流用底孔，降低 4 条发电引水钢管的高程用于泄洪，水库按“蓄清排浑、控制运用”的规则运行，非汛期兴利控制水位为 310m。1973 年改建后，收到了较好效果，水库由淤积变为冲刷，330m 高程以下库容恢复 10.5 亿 $m^3$，潼关河床下降 1.8m 左右，渭河末端的淤积也得到了控制，水库基本处于不淤不冲的状态，同时在防洪、防凌、发电和灌溉等方面也发挥了一定的综合效益。

三门峡水利工程两次被迫改建，标志着原来的规划设计方案的失败。但是改建后的工程在防洪、防凌、发电和灌溉等方面发挥了较好的作用，给我们在大江大河中下游及多泥沙河流上开发利用水资源的模式，以及工程规模和运行方式提供了十分难得的经验和借鉴。水资源开发利用要适度，使得对自然生态系统的冲击，可以通过系统的自适应，自组织机制进行调整，实现新的平衡，使水利工程产生的不利影响控制在人类和生态系统可承受的范围内。

案例二：都江堰水利工程

## （一）都江堰水利工程简介

都江堰水利工程位于成都平原扇形三角洲顶部、四川省都江堰市（原灌县）附近的岷江干流上。岷江摆脱两岸山体的束缚流到灌县附近，水流游荡无羁，河道变迁无常；夏秋涨水，泛滥成灾。岷江水流中推移质数量多、粒径大，河床容易淤积。平水年推移质输沙量约 150 万 m，最大粒径超过 1m。对一座引水工程而言，引水、分洪和排沙是相互影响、相互对立的三个方面。只有在引进充足水量满足下游用水要求的同时，避免引水过多发生洪灾，防止泥沙淤塞渠道，才能保证工程效益正常发挥。许多现代水利工程一般通过设置引水闸、分洪闸和冲沙闸，从时间、空间上将引水、分洪和排沙分开控制，从而满足上述要求。都江堰是一座两级分水、两级排沙的无坝引水工程。由于没有大坝，几乎不产生淹没损失，对周围的生态环境也没有明显的不利影响。都江堰渠首枢纽的主要工程设施包括百丈堤、都江鱼嘴、金刚堤、飞沙堰、人字堤和宝瓶口等，其作用为分水、溢洪、排沙、引水和护岸。前人在没有全面认识自然规律和掌握水利科学知识的条件下，从河流水沙运动的整体出发，通过选择都江鱼嘴、飞沙堰和宝瓶口的合理位置和恰当规模，以调节为手段，发挥自然系统自适应、自组织的内在机制，以简单驾驭复杂，协调平衡各种矛盾，把引水可靠、防洪安全和排沙有效和谐地统一在水沙运动的动态平衡之中。都江堰是战国时期蜀郡守李冰在公元前256—前251年间率领劳动人民修建的。都江堰水利工程设计科学，运行合理，效益卓著，活力无穷。两千多年来，不断为中华民族的历史添景增色。如今已发展成为一座具有灌溉、航运和防洪等综合效益的现代大型水利工程，有效灌溉面积已达到1000万亩。下面具体探讨都江堰分水、排沙的原理以及这些原理成功实施的原因。

### （二）因势利导协调水沙运动

都江堰在解决分水排沙矛盾时，突出了系统与周围环境的高度协调性。渠首工程有意布置在岷江出山口的一个弯道上，根据弯道水沙运动规律，通过合理选择有关工程设施的地理位置，成功实现了分水排沙功能。都江鱼嘴是修筑在岷江干流江心洲上的分水堤，起第一级分水排沙作用。它把岷江分成内、外二江。内江主要做引水河道，将岷江部分水量引到地势较高的宝瓶口，外江主要做泄洪输沙河道。在都江鱼嘴的作用下，洪水季节，岷江60%的水量和绝大部分泥沙进入外江，内江仅引进40%的水量。而在枯水季节，鱼嘴将60%的水量引入内江，以满足下游灌区用水要求，仅将40%的水量排入外江。这就是古人所称的“鱼嘴分四六”原则，并为现代观测资料所证实。可以看到，内江位于河流弯道凹岸一侧，外江位于凸岸一侧。河流弯道水流特点是“低水傍岸，高水居中”。枯水季节，水流动能小，主流线曲率大，主流靠近凹岸。加上凹岸一侧河床深，内江过水断面大于外江。因此，在鱼嘴作用下，大部分水量进入内江。枯水季节河流中泥沙少，排沙不是主要矛盾。洪水季节，水流动能大，惯性作用强，主流离开凹岸，居于河道中间。加上此时外江过水断面大于内江，鱼嘴将大部分水量送到外江。虽然洪水季节河道中泥沙多，但主流流速高、能量大，挟沙力强，大部分泥沙随主流运动，排到外江中去了。因此，只要确定鱼嘴的恰当位置，就可以按照需要调节内、外江分流排沙比例。洪水季节进入内江的水量远远超过下游用水要求，水流中还夹带了一定的泥沙。都江堰利用宝瓶口和飞沙堰进行第二级分水排沙。宝瓶口是控制下游引水的咽喉。内江水位较低时，飞沙堰起拦水进入宝瓶口的作用。洪水期间则形成都江堰最壮观的分水排沙景象：宝瓶口在引进足够数量的清水到下游灌区的同时，飞沙堰则让泥沙随着多余水量从堰顶排到外江之中，引水、分洪与排沙从时空两方面高度统一在河道水沙运动之中。

与鱼嘴分水排沙原理类似，都江堰第二、三级分水排沙功能的实现也是利用飞沙堰和宝瓶口的合理位置对水沙运动进行调节。宝瓶口位于河流弯道凹岸一侧，飞沙堰则在凸岸一侧。水流在河流弯道中形成螺旋状环流：在水流顺江向下运动的同时，表层流流向凹岸，底层流流向凸岸。另外，在重力作用下，表层流中泥沙含量少，底层流中泥沙含量多。处于凹岸的宝瓶口正对表层流向，处于"正面取水"的势态，将泥沙含量较小的表层流引到下游；处于凸岸的飞沙堰正对底层流向，挟带泥沙的底层流从堰顶翻越到外江。这样。在河道螺旋环流的作用下，宝瓶口引水、飞沙堰溢洪排沙，在空间上非常协调、时间上高度统一。根据实测资料分析，当岷江流量超过 2000m³/s，内江流量超过 1000m³/s，飞沙堰分流比超过 40%，分沙比可达 70% 左右。水量越大，飞沙堰分流比越高，排沙效果越显著。

## （三）调节为主，简单驾驭复杂

为了实现都江堰水利工程运行目标，第二级分水排沙过程必须比第一级更为精确。单靠宝瓶口、飞沙堰的合理位置尚不能达到这一要求，必须对影响水沙运动的关键因素进行定量控制。定量控制的手段是"功垂不朽、千秋永鉴"的都江堰治水"六字诀"——"深淘滩，低作堰"。

"深淘滩"指岁修时必须深掏宝瓶口口门前的河床。由于飞沙堰堰顶高程受排沙制约已经确定，宝瓶口口门前水面高程也随之确定了。而宝瓶口口门宽度是固定不变的（宽 17m）。这样，增加宝瓶口引水流量的唯一途径是深掏宝瓶口前的河床，向下扩大进水断面。因此在《灌江备考》中有"深淘一尺，得水一尺"之说，在工程实践中埋有"卧铁"作为深掏的控制标准。

"低作堰"指的是飞沙堰不宜修得太高。飞沙堰附近河道能否形成一种对引水排沙同时有利的流态完全取决于飞沙堰的高度。要使飞沙堰有效排沙，河道中必须保持良好的环流流态。若飞沙堰高，这种环流就无法形成，夹带泥沙的底层流就越不过飞沙堰。另外，若飞沙堰太低，对排沙当然有利，但大部分水量均从飞沙堰流进外江，宝瓶口的引水流量难以满足下游用水的要求。协调这一矛盾的办法就是找到适宜的飞沙堰堰顶高程，使飞沙堰在有效排沙的前提下，宝瓶口引水流量尽可能大。在工程运行中，飞沙堰堰顶高程由宝瓶口崖壁上刻画的"水则"来确定。

## （四）共生互补高效和谐可靠

都江堰地处岷江推移质高沉积河段，飞沙堰的排沙效果也是十分惊人的。不仅 100 多 kg 的卵石可以从堰顶排出，1966 年竟从堰顶排出过 2t 多重的石块，飞沙堰上水流能量从何而来？宝瓶口以上内江河道宽 70m 左右，纵坡降达 0.5%。内江的螺旋状环流中，顺江向下的流速分量较大，横向流速分量较小。如果没有飞沙堰，湍急的水流到达宝瓶口时，由于过水断面突然束窄，流速大大减小，大部分水流动能转变为势能，宝瓶口门前壅水，迫使泥沙沉积。这就是所谓的"静水停泥"过程。为了防止泥沙沉积，必须修建冲沙设施，并提供有能量的水流来冲沙，称之为"动水冲沙"。"静水停泥、动水冲沙"是现代水利工程解决泥沙问题的常用方法。都江堰与上述方法完全不同。宝瓶口与飞沙堰相互配合、共生互补，形成了自组织机制。由于宝瓶口附近设有飞沙堰，为即将束窄的水流提供另一条横向通道。附近河道中的螺旋环流态也随之发生急剧变化，顺江向下的流速分量因宝瓶口门束窄被迫减小时，并非使动能转变为势能，而是使横向流速分量相应增大。同时，水中的泥沙运动状态也随之改变。由于水流以更大的速度冲向飞沙堰，这样就为排沙提供了有利条件。水流挟沙力与相应方向的流速的高次方成正比，飞沙堰的排沙效果变得极其显著。在宝瓶口、飞沙堰的自组结构中，不仅泥沙运动不必经过“由动到静，再由静到动”的耗费能量的过程，而且把顺江向下流速分量减小迫使泥沙沉积这一不利因素直接转变为排沙动力——横向流速分量增大，化害为利，共生互补。在物质（水量）和能量（流速）一定的条件下，其排沙的效果自然比“静水停泥，动水冲沙”模式要好得多。

### （五）反馈循环不断完善发展

为什么没有掌握现代科学技术的古人能够创建科学合理、令今人为之赞叹的都江堰？为什么两千多年来都江堰功效卓著、盛久不衰、活力无穷？前人是如何找到了“深淘滩，低作堰”这一影响分水排沙关键因素及其定量控制准则的？大量的史料证实，都江堰不是在李冰一代或某一历史时期全面建成的，而是通过历代增修逐步发展完善的。从“引言”中引用的两条史料可知，李冰主修都江堰时，在岷江江心洲上修建的分水堤（“壅江作堋”），并引水到成都平原（“穿二江成都之中”）。当时的都江堰以航运为主，灌溉为辅。经西汉孝文帝末年的扩建，到东汉、三国时代已发展成为设有专职官员进行管理的灌溉工程。唐代是都江堰发展史上又一关键时期，经多次大规模扩建，修建了楗尾堰（鱼嘴）、侍郎堰（飞沙堰）。从此，都江堰具备了多层次的分水排沙功能，各类工程设施的结构与布局已趋成熟，以后各代没有本质的变化。宋代不仅对都江堰进行了扩建，而且制定了严格的岁修制度，并为以后各代相沿袭。与各工程设施的布局、结构相比，掌握调节水沙运动的关键因素“深淘滩，低作堰”及其精确的控制标准，则经历了更长的时间。这是都江堰最早的观测水位、控制分水的标记。《宋史·河渠志》首先详细描述了宝瓶口石壁上的水则及侍郎堰高度的确定方法，水则这一创举一直为后人继承，但各朝代刻画数不尽相同。有关“深淘滩、低作堰”的确凿记载，最早出现在明洪武初年成书的《元史·河渠志》中，明代在风栖窝河床中深埋铁棒两根，平卧江底，名为“卧铁”，作为掏滩深度的终止标记。在都江堰水利工程演变过程中，有三个值得重视的特点。

1. 随着生产力的发展，都江堰灌区不断扩大，用水要求不断增长。

2. 完善了有专人组织实施的大修、岁修与抢修制度。

3. 各类工程设施始终采用石料竹木等当地产的材料构筑，费用低廉，易修缮管。自李冰主修都江堰后两千多年来，为了满足下游灌区不断增长的用水要求，历代劳动人民在大修、岁修过程中，总是试图通过增减各类工程设施或改变它们的位置、规模及结构来增加宝瓶口的引水流量。如果某一措施达到了预定目的，同时在防洪和排沙方面未产生不利影响，这一措施就会保持下来，甚至在下一次大修岁修中强化；如果某一措施导致下游灌区发生洪灾，或泥沙淤积渠道，或危及工程安全，这一措施将会取消或淡化。这样就形成一个利用信息反馈，通过大修岁修改变工程布局、规模与结构的过程，在满足防洪安全、排沙有效和运行可靠的前提下，达到增加宝瓶口引水流量的目的。这一过程几乎一年或几年重复一次。在两千多年的历史进程中，人们几乎尝试了一切可能增加宝瓶口引水流量的方法，实践也无情地检验了这些方法。凡是科学合理、有效可靠的措施都保留下来了，凡是违背客观规律的措施，或迟或早都被淘汰掉了。这样，尽管前人没有全面掌握自然规律和先进的科学技术，但在生产力不断发展的推动下，在追求工程最佳效益的不懈探索中，经过实践的反复检验，逐步找到了各工程设施最适宜的位置、最完善的结构、最恰当的规模；逐步找到了影响分水排沙的关键因素及其定量控制准则，使都江堰水利工程在社会、经济、生态环境和工程技术等各方面都呈现出最优性能。

### （六）启发

都江堰水利工程在不过分改变河川径流的天然状态的前提下，以简单的工程设施调节复杂的水沙运动，从而取得了显著的社会、经济和生态环境效益。前人在没有完全掌握客观规律的时候，以生产力发展为动力，从调理功能着手，利用有效的信息传递与反馈，辩证探方，“摸着石头过河”，使都江堰水利工程不断完善发展，始终保持着最优状态，从而盛久不衰、活力无穷。

# 第八章　水利信息化技术及其应用

水利信息技术就是指充分利用现代信息技术，深入开发和广泛利用水利信息资源，包括水利信息的采集、传输、存储、处理和服务，全面提升水利事业活动效率和效能的技术。水利行业是一个信息密集型行业，涉及的主要技术包括 3S(GIS、RS、GPS)、通信与网络、信息存储与管理、软件工程、系统集成、决策支持等，这些信息技术分别应用于水利信息化综合体系的某个层次或贯穿了多个层次，在水利工作中发挥了重要作用，本章将对水利信息化技术及应用进行分析。

## 第一节　3S 技术

现代测绘科学尤其是 3S 技术是实现水文信息化的重要技术保障。所谓 3S 技术是地理信息系统（Geography information systems，GIS）、遥感技术（Remote sensing，RS）和全球定位系统（Global positioning systems，GPS）的统称，是空间技术、传感器技术、卫星定位与导航技术和计算机技术、通信技术相结合，多学科高度集成的对空间信息进行采集、处理、管理、分析、表达、传播和应用的现代信息技术。

### 一、地理信息系统（GIS）的概念及应用

1. 地理信息系统（GIS）的概念

随着科学技术的发展，人类社会正迈步进入信息时代，信息、信息技术、信息产业正受到全社会空前的重视和广泛的应用。

广义地说，信息就是客观事物在人们头脑中的反映。

地理信息是指所研究对象的空间地理分布的有关信息，它是表示地表物体及环境固有的数量、质量、分布特征、属性、规律和相互联系的数字、文字、音像和图形等的总称。地理信息不仅包含所研究实体的地理空间位置、形状，也包括对实体特征的属性描述。例如，应用于土地管理的地理信息，既能够表示某点的坐标或某一地块的位置、形状、面积等，也能反映该地块的权属、土壤类型、污染状况、植被情况、气温、降雨量等多种信息。因此，地理信息除具有一般信息所共有的特征外，还具有空间位置的区域性和多维数据结构的特征，即在同一地理位置上具有多个专题和属性的信息结构。同时还有明显的时序特

征，即随着时间的变化的动态特征。将这些采集到的与研究对象相关的地理信息，以及与研究目的相关的各种因素有机地结合，并由现代计算机技术统一管理、分析，从而对某一专题产生决策，就形成了地理信息系统。

地理信息系统是在计算机硬件、软件及网络技术支持下，对有关地理空间数据进行输入、处理、存储、查询、检索、分析、显示、更新和提供应用的计算机系统。从学科信息构的角度来看，地理信息系统是集计算机科学、地理学、测绘遥感学、环境科学、城市科学、空间科学、信息科学和管理科学为一体的新兴边缘学科和交叉学科。

2.GIS 的形成与发展

长久以来，地图是人类用于描述现实世界的主要手段。随着计算机的问世和计算机技术的发展，人们常使用计算机技术来描述和分析产生在地球空间上的各类现象，并较系统地进行了计算机辅助制图和空间分析的研究，其成果为后来地理信息系统的发展奠定了坚实的基础。

地理信息系统的出现，在国际上已经有 40 多年的历史。20 世纪 60 年代，加拿大的 RogevF · Tomlinson 和美国的 DuaneF · Marble 在不同地方，从不同角度提出了地理信息系统的概念。1962 年，Tomlinson 提出利用数字计算机处理和分析大量的地图数据，并建议加拿大土地调查局建立加拿大地理信息系统（CGIS），以实现专题图的叠加、面积量算等。到 1972 年，CGIS 全面投入运行和使用，成为世界上第一个运行型的地理信息系统。20 世纪 80 年代，由于社会的迫切需求和多年经验的积累，地理信息系统有了明显的进步，它在土地与房地产管理、资源调查、环境保护、市政建设与管理、大型工程的前期分析和实施监控、区域与国家的宏观分析和调控等方面均取得了显著的成效，逐渐形成一种新兴的产业并逐步应用于各行各业。

我国地理信息系统的起步大约比国际上晚了 15 年，直到 1980 年才开始研究和实验。多年来，经历了起步阶段（1980—1985 年）和发展阶段（1986—1995 年），目前正走向产业化阶段，它已逐步在国民经济和社会生活中广泛应用。

地理信息系统之所以能发展成为一门科学技术乃至一种产业。其历史背景和原因很多，但主要的原因可以归纳为以下几点：

（1）资源环境信息的丰富。区域开发、环境保护和大型工程规划设计，全国人口普查、土地资源详查和工业资源普查，海洋、陆地和大气方面各种监测站网的布置，卫星与航空多层次遥感迅测，既获取并积累了大量数据，而且又迫切要求科学地利用数据，故亟须一个科学的系统来存储和管理这些海量信息。

（2）科学技术的突飞猛进。20 世纪中叶以来，信息科学、计算机技术、遥感技术、网络通信技术的快速发展与应用，为 GIS 的发展提供了强有力的技术支撑。

（3）交叉学科的发展。政府部门的规划、决策、管理的工作方式在迅速改变。20 世纪 50 年代常规的调查报告和统计的形式、60 年代的专题图和地图集，这些曾经盛极一时的信息表达形式，在其信息层次信息载量、更新周期和信息处理等方面，已难以适应快速发展的现代化建设多学科综合应用的需要。80年代出现的以计算机为主体，同时得到遥感遥测技术、系统工程方法支持的信息系统，成为政府部门规划、决策和管理智能化现代化的保证。

3.GIS的特征

（1）统一的地理定位。所有的地理要素，在一个特定投影和比例的参考坐标系统中进行严格的空间定位。

（2）信息源输入的数字化和标准化。来自系统外部的多种来源、多种形式的原始信息，由外部格式转换成便于计算机进行分析处理的内部格式。对这些原始信息予以数字化和标准化，即对不同精度、不同比例尺、不同投影坐标系统的形式多样的外部信息。运用数字化设施按统一的坐标系和统一的记录格式进行格式转换、坐标转换，形成数据文件，存入数据库内。

（3）多维数据结构。由于地理信息不仅包括所研究对象的空间位置，也包括其实体特征的属性描述，同时还有明显的时序特征，因此，GIS的空间数据组织形式是一个由空间数据（三维空间坐标及其拓扑关系）、属性数据及时态数据所组成的多维数据结构。

4.GIS与其他系统的关系

GIS是在地球科学与数据库管理系统（DBMS）、计算机图形学（Computer Graphics）、计算机辅助设计（CAD）、计算机辅助制图（CAM）等与计算机技术相关学科相结合的基础上发展起来的，故GIS与它们存在着许多交叉与相互覆盖的关系，但它们之间也有很大的区别。

（1）GIS与管理信息系统（MIS）的主要区别。一般而言，管理信息系统（如情报检索系统、财务管理系统等）只有属性数据库的管理而无体现空间地理位置的地图数据或地图图形，有时即使存储了图形，也是以文件的形式管理。图形要素不能分解、查询，也没有拓扑关系。而GIS则要对空间图形数据库和属性数据库共同管理、分析和应用，亦称为空间信息系统。

（2）GIS与CAD和CAM的主要区别。CAD、CAM不能建立地理坐标系和完成地理坐标变换；GIS的数据量比CAD和CAM的数据量大得多，数据结构、数据类型亦更为复杂，数据间联系紧密，这是因为GIS涉及的区域广泛、精度要求高、变化复杂、要素众多，相互关联，单一结构难以完整描述；CAD、CAM不具备地理意义的空间查询和分析功能。

（3）GIS与DBMS的主要区别。与GIS相比，数据库管理系统（DBMS）尚存在两个明显的不足：缺乏空间实体定义能力。目前流行的数据库结构，如网状结构和关系结构等，都难以对地理空间数据结构进行全面、灵活、高效的描述。缺乏空间关系查询能力，目前通用的DBMS的查询主要是针对实体的查询，而GIS不仅要求对实体查询，还要求对空间关系进行查询，如关于方位、距离、包容、相邻、相交和空间覆盖关系等的查询。因此，通用DBMS尚难以实现对地理数据进行查询和空间分析。

5.GIS 与其他学科的联系

地理信息系统的不断发展，已经成为信息科学的一个组成部分。既依赖于地理学、测绘学等基础学科，又取决于计算机科学、航天技术、遥感技术、人工智能与专家系统的进步和发展，是一门从属于信息科学的边缘学科。同时又为以上这些学科的发展提供了更高的平台。

6.GIS 的发展趋势

目前，GIS 进入了新的发展阶段，不仅成为包括硬件生产、软件开发、数据采集、空间分析及咨询服务的全球性的新兴信息产业，而且正在逐步发展成为一门处理空间数据的现代化综合学科，成为地球空间信息科学的重要组成部分。其发展趋势有如下特点：

（1）与其他学科结合更加紧密、应用更加广泛。从 GIS 的产生和发展来看，GIS 与测绘学、遥感学、全球定位系统有机地集成在一起，使得测绘、遥感、制图、地理、管理和决策科学相互融合，成为快速而实时的空间信息分析和决策支持工具。3S 技术是以地理信息系统为核心的集成技术，构成了对空间数据适时进行采集、更新处理、分析以及为各种实际应用提供科学的决策咨询的强大技术体系。

（2）基于 Internet 的 Web GIS 是未来 GIS 发展的一个主流。GIS 始终与计算机技术密切相关，如今计算机网络的迅速发展、信息高速公路的建设使大量的数字化后的地理信息和空间数据方便、快速、及时地传送到任何需要的地方去，实现信息共享，并更广泛地发挥其应用价值。用 Internet 将无数个分布于不同地点、不同部门、相互独立但具有相同软件平台的 GIS 连接起来，将系统的分析功能与数据管理分布在开放的计算机网络环境之中，以实施空间数据的互交换、互运算和互操作的地理信息系统成为超媒体网络地理信息系统（Web GIS）。当然，不同厂商的 GIS 软件的数据库间实施空间数据的互交换、互运算和互操作，则应通过统一标准和接口相连接，形成开放式的地理信息系统（OpenGIS），这将是未来 GIS 发展的主流。

（3）构件式 GIS 的发展。数字地球的建立是一个极为庞大的工程，因此，把庞大的 GIS 软件系统分解成可按应用需要组装的组件，通过标准的系统环境，有效地实现系统集成，这就是构件式 GIS。通过建设、完善丰富的组件库，用户可以根据需要拼装调用构件式 GIS，以满足个性化需求。

7.GIS 的组成

一个典型的地理信息系统，应由计算机系统（硬件、软件及相关设备）、地理数据库系统及地理信息系统专业人才三大部分组成。硬件和软件是 GIS 的重要组成部分，地理数据库是 GIS 的核心部分，GIS 人才是整个地理信息系统运作成功与否的关键。

（1)GIS 硬件

GIS 的硬件是指计算机系统的硬件环境及外围设备，GIS 的硬件组成主要包括以下几个部分：

计算机主机：包括从主机服务器到桌面工作站乃至网络系统的一切计算机资源。

输入设备：主要包括数字化仪、扫描仪、解析和数字摄影测量仪，以及全站型速测仪、GPS 接收机等测绘仪器。

数据存储设备；包括硬盘、光盘、磁盘阵列、磁带等。

数据输出设备：矢量式绘图仪、彩色喷墨绘图仪、打印机等。

网络通信设备：在网络系统中用于数据传输和交换的光缆、电缆。

（2）GIS 软件

GIS 软件包括基础软件及二次开发软件两大部分。基础软件由具有录入、编辑、管理、输出和数据分析（含数据预处理及数据分析）功能的若干子程序及操作系统、语言编译系统、数据库管理系统等构成。二次开发软件是在基础软件平台上针对不同用户、不同功能、不同管理和运作方式进行编制的应用软件。GIS 软件提供存储、分析、显示地理数据的功能，其要素包括地理数据的输入、存储、编辑、管理和空间查询、分析、可视化表达，以及图形用户界面等。

目前世界上商品化的 GIS 基础软件达数百种，在我国较为流行的主要有 ARC/INFO、MAPINFO、GEOSTAR、MAPGIS 等。CAD 厂商 AUTODESK，关系数据库厂商 ORACLE、INFORMIX，都相继推出 GIS 软件产品或支持模块。

（3）地理数据

在 GIS 中，描述地理要素和地理现象的地理数据主要有两类。一类是图形数据，也就是空间数据，用来表示空间实体的位置、形状、大小和分布特征等诸方面信息的数据，适用于描述所有呈二维、三维和多维分布的关于区域的现象。空间数据的特点是不仅具有实体本身的空间位置及形态信息，而且还有实体间的空间相关关系（拓扑关系）信息，它通常以空间三维坐标或地理坐标（经纬度和海拔高程）来表示，如果加上时间数据，则为四维动态数据。另一类是属性数据，也称非空间数据，是描述一个目标或实体的数量和质量特征的数据，如某条道路的路宽、路名、路面材料、等级、建成日期、行车道数等。

空间定位采用统一的坐标系统。孤立的地理数据无应用意义，所以地理数据必须具有标准坐标系中的参考位置。坐标系统的选择根据具体应用要求可以选择局部（地方）、全国或国际通用坐标系统。在我国。依照国际惯例并结合我国的具体实际，一般采用与我国基本图系列一致的地图投影系统，如大比例尺采用高斯 - 克吕格投影、中小比例尺采用兰伯特投影，在某些城市或工程系统中，则可能采取独立的地方坐标系统。但不管如何选取坐标系统，系统之间应能进行转换，以实现地理数据的交互应用。

空间数据与属性数据相结合。用空间数据描述地理实体的空间位置，一般通过点、线、面来表达，如用坐标、周长、面积、曲率等来表达街道、湖泊和林地等地理特征。而属性数据则用于表示目标的非空间特征，如街道名称、房屋的层数、建筑材料、产权及用途、湖泊的盐度或土地的植被与土壤组成等信息。属性数据的准确与否同样会影响到空间数据的应用。空间数据与属性数据的结合，充分表达了地理要素和地理现象的实体化特征。

地理数据间存在着复杂的关系。地理数据之间的关系是很复杂的，例如，在交通疏堵管理工作中不仅需要很快找到堵车的地点和车辆数，还要知道相邻一定范围内道路上车辆运行状况，以便做出疏导决策，这就是我们通常所说的拓扑关系，即空间实体间的相邻、包含和相交关系。这些复杂的拓扑关系不可能全部存储，有些可以直接存储和调用，有些则要通过存储的其他信息去调取和计算间接获取，因此空间数据其结构的选择直接影响到系统的表达。

地理数据具有实效性。地理数据具有周期性和时间性，过时的信息不具备现势性。

目前在GIS中经常以时间属性标注数据特征，当然在GIS中增加时间表达维则会增加数据处理的难度。

由于地理数据具备以上特性，在GIS中，地理数据的表达非常复杂，难以用简单的数据结构进行表达和再现，因此，要求选用合理的数据结构和数据管理系统统一组织地理数据库系统，以迅速有效地利用地理数据。

（4）人才

GIS人才既包括从事GIS系统开发的专业人员，也包括GIS产品的用户或称终端用户。专业GIS人员需涉及软件工程、GIS功能、数据结构、系统设计、地理模型等领域。GIS系统从设计、建库、管理、运行直到用来分析决策处理问题，自始至终都需要有专门的人才，他们必须掌握GIS的基本知识，熟悉所利用的工具和分析问题的模型及数据的性质，才能使GIS系统更好地运作。

## 二、遥感技术及应用

1. 遥感概述

遥感技术包括传感器技术、信息传输技术、信息处理、提取和应用技术、目标信息特征的分析与测量技术等。

（1）遥感的概念

“遥感”一词最早源于美国，1960年，美国人伊夫林·L. 布鲁依特提出“遥感”这一术语。1962年，在美国环境科学遥感讨论会上，遥感一词被正式引用。

“遥感”，即遥远感知的意思，也就是不直接接触目标物，在距离地物几公里到几百公里，甚至上千公里的飞机、飞船、卫星上，使用光学或电子光学仪器（称为遥感器）接收地面物体反射或发射的电磁波信号，并以图像胶片或数据磁带等形式记录下来，再传送至地面，经过信息处理，判读分析和野外实地验证，最终服务于资源勘探、环境动态监测和有关部门的规划决策。这一系列接收、传输、处理、分析判读和应用遥感信息的全过程通常称为遥感技术。

（2）遥感的类型

遥感技术的类型往往从以下方面对其进行划分。

根据工作平台层面区分：地面遥感、航空遥感（气球、飞机）、航天遥感（人造卫星、飞船、空间站、火箭)。

根据工作波段层面区分:紫外遥感、可见光遥感、红外遥感、微波通感、多波段遥感。

根据传感器类型层面区分:主动遥感(微波雷达)、被动遥感(航空航天、卫星)。

根据记录方式层面区分:成像遥感、非成像遥感。

根据应用领域区分:环境遥感、大气遥感、资源遥感、海洋遥感、地质遥感、农业遥感、林业遥感等。

(3)遥感平台

按遥感平台的高度大体上可以分为航天遥感、航空遥感和地面遥感三类。

航天遥感又称太空遥感。泛指利用各种太空飞行器为平台的遥感技术系统,以地球人造卫星为主体,包括载人飞船、航天飞机和太空站,有时也将各种行星探测器包括在内。卫星遥感为航天遥感的组成部分,以人造地球卫星作为遥感平台,主要利用卫星对地球和低层大气进行光学和电子观测。

航空遥感。泛指从飞机、飞艇、气球等空中平台对地观测的遥感技术系统。

地面遥感。主要指以高塔、车、船为平台的遥感技术系统、地物波谱仪或传感器安装在这些地面平台上,可进行各种地物波谱测量。

(4)遥感探测的工作方式

主动式遥感,即由传感器主动地向被探测的目标物发射一定波长的电磁波,然后接受并记录从目标物反射回来的电磁波。

被动式遥感,即传感器不向被探测的目标物发射电磁波而是直接接受并记录目标物反射太阳辐射或目标物自身发射的电磁波。

(5)遥感技术的构成

遥感技术系统是实现遥感目的的方法、设备和技术的总称,是一种多层次的立体化观测系统。遥感系统主要由以下四大部分组成:

1)信息源

信息源是遥感需要对其进行探测的目标物。任何目标物都具有反射、吸收、透射及辐射电磁波的特性,当目标物与电磁波发生相互作用时会形成目标物的电磁波特性,这就为遥感探测提供了获取信息的依据。

2)信息获取

信息获取是指运用遥感技术装备接收、记录目标物电磁波特性的探测过程。信息获取所采用的遥感技术装备主要包括遥感平台和传感器。其中遥感平台是用来搭载传感器的运载工具,常用的有气球、飞机和人造卫星等。传感器是用来探测目标物电磁波特性的仪器设备,常用的有照相机、扫描仪和成像雷达等。

3)信息处理

信息处理是指运用光学仪器和计算机设备对所获取的遥感信息进行校正、分析和解译处理的技术过程。信息处理的作用是掌握或清除遥感原始信息的误差,梳理、归纳出被探测目标物的影像特征，然后依据特征识别并提取有用信息。

4）信息应用

信息应用是指专业人员按不同的目的将遥感信息应用于各业务领域的使用过程。信息应用的基本方法是将遥感信息作为地理信息系统的数据源，供人们对其进行查询、统计和分析利用。遥感的应用领域十分广泛，最主要的应用有地质矿产勘探、自然资源调查、地图测绘、环境监测以及城市建设和管理等。

（6）遥感的特点

1）大面积同步观测

遥感探测能在较短的时间内，从空中乃至宇宙空间对大范围地区进行对地观测，并从中获取有价值的遥感数据。这些数据可以宏观地掌握地面事物的现状，同时也为宏观地研究自然现象和规律提供了宝贵的第一手资料。这种先进的技术手段与传统的手工作业相比是不可替代的。遥感用航摄飞机飞行高度为10km左右，陆地卫星的卫星轨道高度达910km左右，从而可及时获取大范围的信息。例如，一张陆地卫星图像，其覆盖面积可达3万多平方千米。

2）时效性强

遥感获取信息的速度快、周期短。由于卫星围绕地球运转，从而能及时获取所经地区的各种自然现象的最新资料，以便更新原有资料，或根据新旧资料变化进行动态监测，这是人工实地测量无法比拟的。例如，有的陆地卫星每16天可覆盖地球一遍，NOAA气象卫星每天能收到两次图像。Meteosat每30分钟获得同一地区的图像。

3）数据的综合性与可比性

遥感获取的数据具有综合性。遥感探测所获取的是同一时段、覆盖大范围地区的遥感数据，这些数据综合地展现了地球上许多自然与人文现象，宏观地反映了地球上各种事物的形态与分布，真实地体现了地质、地貌、土壤、植被、水文、人工构筑物等地物的特征，全面地揭示了地理事物之间的关联性，并且这些数据在时间上具有相同的现势性。

遥感数据能动态反映地面事物的变化，同时遥感探测其周期性，重复地对同一地区进行观测，能够发现并动态地跟踪地球上许多事物的变化以及变化规律。

2. 遥感信息获取技术

自20世纪60年代以来，航天技术、传感器技术、控制技术、电子技术、计算机技术及通信技术的发展，大大推动了遥感技术的发展。目前，遥感信息获取技术正朝着“微观”和“宏观”两个方向发展，将来卫星遥感将形成多层次、立体、多角度、全方位和全天候的对地观测。

（1）多尺度的遥感数据

自1960年4月美国成功发射泰罗斯-1气象卫星以来，现已形成低轨道、中轨道和高轨道的遥感卫星观测网络，观测范围覆盖全球。特别是NOAA卫星，可对一固定地区，每天进行4次实时观测。1972年美国国家航空航天局发射的地球资源卫星Landsat-1，开创了地球资源卫星技术的先河。经过近30年的发展，形成了以Landsat系列、法国对地观测卫星（SPOT）系列为主流的地球资源卫星遥感数据，其空间分排率已达到几十米级。特别是20世纪90年代以来，更高分辨率的资源卫星已在轨运行，如印度资源卫星（IRS系列）、日本的ADEOS卫星等，其空间分辨率提高到几米级。我国与巴西联合研制的地球资源卫星，已于1999年10月成功发射，其分辨率力19.8m，2004年发射的新一代资源卫星达到了5m。目前，分米级分辨率的商业通感卫星已在轨运行，并已成功应用，将来还会有更多、更高分辨率的商业遥感卫星投入使用。

（2）高光谱的遥感数据

高光谱（hyper spectral）遥感是地球观测系统中最重要的技术之一，它克服了传统单波段、多光谱遥感在波段数、波段范围、精细信息表达等方面的局限性，以较窄的波段区间、较多的波段数量提供遥感信息，能够从光谱空间中对地物予以细分和鉴别。

光谱分辨率的提高是遥感技术进展的一个重要标志。早期Landsat的MSS遥感器只有4个波段，其后的TM遥感器有7个波段，显著地提高了光谱分辨率。20世纪80年代至今发展起来的成像光谱仪达到数十至数百波段，极大地提高了光谱分辨率。

（3）雷达遥感数据

雷达遥感是发射雷达脉冲以获取地物后向散射信号及其图像并进行地物分析的遥感技术。它采用主动微波遥感方式，能够穿透云、雾、雨、雪，具有全天候工作能力，具有多波段多极化散射特征及极化测量、干涉成像等特点。1995年加拿大雷达卫星-1（Rada-rSta）的成功发射标志着卫星微波技术的重大进展。

微波遥感和光学遥感相比，由于微波遥感和光学遥感成像机理不同，因此得到的遥感信息不同，反映的性质也不同。光学遥感所观测的是目标对太阳辐射的反射，从而对地面覆盖物的反映较为明显，而成像雷达是主动发射电磁波能量，反映了地面粗糙度、地表物质的介电系数等。

（4）小卫星与卫星群

小型对地观测卫星具有成本低、效率高、研制周期短和见效快等特点，对地观测可以实现专业化、机动化，而且易于适应对地面分辨率、覆盖面积、重复观测周期等不同的技术指标要求，并便于组网。

3.遥感信息提取技术

概括地说，遥感信息提取的方式主要有三种：目视判读提取、基于分类的信息提取和基于知识发现的遥感专题信息提取。

（1）目视判读提取

目视判读能综合利用地物的色调或色彩、形状、大小、阴影、纹理、图案、位置和布局等影像特征，以及有关专家的经验，并结合其他非遥感数据资料进行综合分析和逻辑推理，能达到较高的专题信息提取的准确度，尤其是在提取具有较强纹理结构特征的地物时更是如此。

（2）基于分类方法的遥感信息自动提取

分类方法是遥感信息提取最常使用的方法之一，其技术核心是对遥感图像的分割。分类有无监督分类和有监督分类两种。在无监督分类中，有 K-MEANS 法、动态聚类法、模糊聚类法以及人工神经网络法；在有监督分类中，有最小距离法、最大似然法、模糊分类法以及人工神经网络法。

（3）基于知识发现的遥感专题信息提取

基于知识发现的遥感专题提取，其基本内容包括知识的发现、应用知识建立提取模型和利用遥感数据及模型提取遥感专题信息几个方面。在知识发现方面，包括从单期遥感图像上发现有关地物的光谱特征知识、空间结构与形态知识、地物之间的空间关系知识，其中，空间结构与形态知识包括地物的空间纹理知识、形状知识以及地物边缘形状特征知识；从多期遥感图像中，除了可以发现以上知识外，还可以进一步发现地物的动态变化过程知识，从 GIS 数据库中可以发现各种相关知识。在利用知识建立模型方面，主要是利用所发现的某种知识、某些知识或所有知识建立相应的遥感专题信息提取模型。

4. 遥感监测技术在监测 ET 中的应用

（1）ET 技术概念

ET 是蒸发蒸腾量（Evapotranspiration）的简写，是蒸发（Evaporation）和蒸腾（Transpiration）量的总称，由植被截流蒸发量、植被蒸腾量、土壤蒸发量和水面蒸发量构成，是水分从地表转入大气的一个过程，是自然界水循环的重要组成部分。影响 ET 的因素较多，包括太阳辐射、空气温度和湿度、风速以及土壤和植被种类等。

多光谱遥感和 ET 估算技术的研究和发展为遥感监测 ET 奠定了基础，使利用卫星数据进行区域 ET 估算变得可行，并能与实际管理工作结合，使以 ET 为核心的水资源管理理念成为现实。

（2）遥感监测 ET 优势

遥感监测 ET 与传统地面观测 ET 相比有较大的优势：观测周期短，相比传统方法更加快捷；具有空间上的连续性，适合大范围观测；以遥感数据为基础，不受观测区域外界条件的影响，而且具有一定的客观性。

利用遥感技术生产 ET 数据，遥感和气象数据是重要的基础数据。可用作 ET 监测的卫星数据包括同步气象卫星、极轨气象卫星、陆地资源卫星等数据，不同特性卫星数据可监测的 ET 尺度也不同。目前，较常用的卫星数据包括 LANDSAT7 卫星的 ETM 数据以及 MODIS 数据。气象数据包括气温、湿度、风速、大气压和日照时数等。

ET 数据的生产主要是利用遥感、气象等数据，通过模型计算得出 ET 的过程，包括遥感数据的预处理、气象数据的预处理、模型分析计算和汇总等过程。生产出的 ET 产品包括不同分辨率 ET 数据、土壤含水量数据、作物干物质量数据以及作物结构和土地利用数据等。这些数据具有空间上连续和时间上动态变化的特点，能够表达蒸散量的时空分布与变化，这是遥感监测 ET 区别于传统方法的主要之处。

（3）ET 数据验证

ET 数据验证是 ET 数据生产的重要环节，是提高 ET 数据生产精度的重要手段。遥感 ET 数据的验证方式，包括独立地面验证、野外调查验证以及传统地面监测数据验证。

## 三、GPS技术应的用

卫星导航定位技术的发展始于 60 年代。卫星定位的工作原理实际上就是利用三个以上卫星的已知空间位置交会出地面未知点（接收机）的位置。

1. 卫星定位系统的组成

卫星导航定位系统由三大部分组成，即空间部分、地面监控部分和用户设备部分。

（1）空间部分

卫星导航定位系统的空间部分是指工作卫星星座。导航卫星时空配置保证覆盖区内任何地点，在任何时刻均可同时观测到一定数量（GPS 系统为 4 颗）的卫星，以满足地面用户实时全天候定位和精密导航的需要。导航卫星上设有微处理机，可以进行必要的数据处理工作，它主要有三个基本功能。

根据地面监控指令接收和储存由地面监控站发来的导航信息，调整卫星姿态、启动备用卫星。

向导航用户播送导航电文，提供导航和定位信息。

通过高精度卫星钟向用户提供精密的时间标准。

（2）地面监控部分

地面监控部分包括主控站、注入站及监测站。

主控站的主要任务为根据各监控站提供的观测资料推算编制各颗卫星的星历、卫星钟差和大气层修正参数并，把这些数据传送到注入站；提供导航系统的时间标准；调整偏离轨道的卫星，使之沿预定的轨道运行；启用备用卫星以取代失效的工作卫星。注入站的主要任务为在主控站的控制下，把主控站传来的各种数据和指令等正确并适时地注入相应卫星的存储系统。

监测站的主要任务是为主控站编算导航电文提供观测数据，每个监控站均用导航定位系统信号接收机，对每颗可见卫星每 6 秒钟进行一次伪距测量和积分多普勒观测，并采集气象要素等数据。

（3）用户设备部分：由导航定位系统接收机硬件和相应的数据处理软件以及微处理机及其终端设备组成。其主要功能是接收导航卫星发射的信号，获得必要的定位和导航信息及观测量，并经简单数据处理实现定位和实时导航，用后处理软件包对观测数据进行精加工，以获取精密定位结果。

2. 几种主要定位系统简介

目前已开始运行的卫星导航系统主要包括全球定位系统（GPS）、格洛纳斯（GLO-

NASS）、北斗卫星导航系统等。

全球定位系统（GPS）成功应用于大地测量、工程测量、航空摄影测量、运载工具导航和管制、工程变形监测、资源勘查等多种学科。

3.GPS+ 测深仪在水下地形测量中的应用

水下地形测量与陆上地形测量不同，看不见水下地形的起伏，不能像陆上地形测量那样可以选择地形特征点进行测绘。进行水下地形测量，只能利用船只测定水底点的三维坐标，进而绘制出水下地形图。由于水上无法建立控制点，船只必须在岸上测量仪器的指导下才能获得均匀的测点。当水域较大时，用岸上测量仪器给船只定位就非常困难。随着 GPS 定位技术尤其是 GPS 实时动态定位技术（GPSRTK）的飞跃发展，水下地形测量方法取得了很大进步。目前，水下地形测量技术已经定型于采用 GPS 获取平面位置、回声测深仪获取水深数据的基本模式。这种模式不仅自动化程度高，可以全天候作业，大大提高了效率，而且由于 GPS 数据的采集及水深测量均为连续的，改变了原盲目测点的作业模式，也大大提高了水下地形图的精度。

（1）回声测深仪的结构组成和工作原理

1）回声测深仪的结构

回声测深仪主要由激发器、接收放大器、发射换能器、接收换能器、显示设备、电源等部分组成，现将各部分功能简述如下。

激发器：一般由振荡电路、脉冲产生电路、功放电路所组成。周期性地产生一定频率、一定脉冲宽度、一定电功率的电振荡脉冲，由发射换能器按一定周期向水中发射。

接收放大器：将换能器接收的微弱回波信号进行检测放大，经处理后送入显示设备。在接收机电路中，采用了现代相关检测技术和归一化技术，并用回波信号自动鉴别电路、回波水深抗干扰电路、自动增益电路、时控放大电路，使放大后的回波信号能满足各种显示设备的需要。

发射换能器：将电能转换成机械能，再由机械能通过弹性介质转换成声能的电—声转换装置。它将发射机每隔一定时间间隔送来的有一定脉冲宽度、一定振荡频率和一定功率的电振荡脉冲、转换成机械转动，并推动水介质以一定的波束角向水中辐射声波脉冲。

接收换能器：将声能转换成电能的声—电转换装置。它可以将接收的声波回波信号转变为电信号，然后再送到接收机进行信号放大处理。现在许多水深仪器都采用发射与接收合一的换能器。为防止发射时产生的大功率电脉冲信号损坏接收机，通常在发射接收机和换能器之间设置一个自动转换电路。发射时，将换能器与发射机接通，供发射声波用；接收时，将换能器与接收机接通，切断与发射机的联系，供接收声波用。

显示设备：其功能是直观地显示所测得的水深值，常用的显示设备有指示器式、记录器式、数字显示式、数字打印式等。显示设备的另一功能是产生周期性的同步控制信号，控制与协调整机的工作。

电源：提供全套仪器所需的电源。

2）回声测深仪的工作原理

回声测深的基本原理是利用声波在同一介质中匀速传播的特性。测量声波由水面至水底往返的时间间隔，从而推算出水深。测深仪记录的水深值，还需要对其进行改正，包括换能器吃水改正、声速改正数和转速改正数三项。

（2）GPSRTK+ 测深仪的系统组成

GPSRTK+ 测深仪的系统由两台或两台以上的 GPS 接收机和天线、数据通信电台、测量控制器或便携机、测深仪、用于陆地测量的便携工具、水上测量相应的设备以及动态测量软件、水下地形测量软件等组成。测量系统分为基准站和移动站两部分。

基准站由 GPS 接收机和天线、数传电台和天线及电源设备等组成。

移动站（测量船）由 GPS 接收机和天线、数据链和天线控制器、测深仪以及电源设备等组成。

（3）GPS+ 测深仪进行水下地形测量的实施

1）准备工作

在测区或测区附近选取三个有当地已知坐标的控制点，用静态或快速静态方式获得 WGS 84（为 GPS 全球定位系统使用而建立的坐标系统）坐标，由测得的 WGS 84 坐标与当地坐标推求转换参数，把转换参数和地球椭球投影参数等设置到控制器上。再把基准控制点的点号和坐标输入控制器或通过控制器输入基准站 GPS 接收机，把规划好的断面线端点点号、坐标值输入移动站的控制器中或计算机中。

2）观测

根据现场具体情况规划好测量日程和任务分工，基准站仪器尽量减少迁移，以提高工作效率。基准站 GPS 接收机天线设置在规划好的已知坐标点上，连接设备电缆，通过控制器启动基准 GPS 接收机。用控制器启动时，在控制器上调出基站点号和相应信息，设置好的基站、数据链开始工作，发射载波相位差分信号。移动站一般采用固定时间间隔采集数据，控制器上可以显示偏离断面线的距离误差和测量点坐标和误差值。测量数据被保存在控制器内或相应的存储卡上。

3）水下地形图的绘制

对观测采集的水深数据进行水位改正、声速改正和动态吃水改正，以满足成因的要求。将处理后的水深（或水底高程）调入图中，进行必要的筛选整理，由软件生成等深线或等高线，加入必要的注记和地形、地物符号以及图框，形成完整、规范的水下地形图。

## 第二节　通信技术

通信与计算机网络技术是水利信息化的重要技术基础，是保障水利信息及时正确地传输的基础，为水利信息的共享提供了可能。

通信与计算机网络技术的发展十分迅速，新理论、新技术和新产品不断涌现。为了保证水利信息及时正确地传输，并充分考虑发展的需要，在建设水利信息传输网络时应尽量采用标准化程度高、开放性好的新技术。

## 一、局域网

所谓局域网是指单位内部计算机连在一起的网络，局域网主要采用以太网技术，也可以根据特殊要求采用其他局域网技术。

1. 以太网技术

早在 1968 年，美国夏威夷大学研制出了一个称为 ALOHA 的无线数据网。该网络的基本思想是利用共享的公共信道采用竞争方式传送数据，这一思想也是以太网的核心思想。因此，最早的以太网是总线型的。

1973 年 5 月，在美国施乐公司的 Palo Alto 研究中心（PARC），Bob Metcalfe 首次提出了以太网的概念。他在一份备忘录中描述了他自己创造的网络系统。最初的以太网速率为 2.94Mbps。到了 1976 年，PARC 的实验以太网已经达到 1000 个节点，网络的长度为 1000m，采用粗同轴电缆。1977 年年底，Metcalfe 等人获得了"具有冲突检测的多点数据通信系统"的专利，这意味着载波监听多路存取和冲突检测（CSMA/CD）技术的正式诞生，也标志着以太网的正式诞生。

以太网技术统治局域网的重要原因之一在于它的标准化。

1979 年，美国 DEC、Intel 和施乐 3 家公司开始讨论以太网的标准化问题。1980 年 9 月，这 3 家公司发布了《以太网局域网的数据链路层和物理层规范（1.0 版本）》，即著名的以太网蓝皮书，也称为 DIX 以太网 1.0 规范。

在这 3 家公司开展以太网标准化工作的同时，美国电气和电子工程师协会（IEEE）成立了一个有关局域网标准的 802 工程委员会。1981 年，该委员会成立 802.3 工作组，制定基于 DIX 成果的局域网标准。1982 年年底，工作组宣布了 IEEE 802.3 标准的草案。1983 年，10Base 5 成为正式标准。当时，采用 10Base 5 的以太网也叫标准以太网，网络的总线采用 50n 的粗电缆，计算机上要安装网卡，网卡需要通过一段专用的电缆和收发器连接，收发器再连到总线上。到 1989 年，国际标准化组织（ISO）采纳了 802.3 标准。

从 1983 年起，人们开始研制采用双绞线的、星形结构的以太网。它的优点是便于安装和故障排除，可靠性好，成本也比较低。到 1990 年，IEEE 正式通过 10Base-T 标准。星形布线结构的以太网具有特别重要的意义，这样，使得连接计算机网络就像连接电话一样简单。

从 1992 年开始，人们进行 100Mbps 以太网的研究，这种速率的网络也称为快速以太网。IEEE 802.3 工程组也积极进行有关的标准化工作。1993 年，第一台快速以太网集线器和网卡问世，由 Grand Junction 公司推出。从 1995 年起，一系列 IEEE 802 快速以太网标准正式发布，包括 100Base-TX（2 对 5 类双绞线）、100Base-FX（光纤）、100Base-T4（4 对 3 类双绞线）和 100Base-T2（2 对 3 类双绞线）等。

1996 年，IEE 802 工作组又成立了 802.3z 小组，着手研究千兆位以太网的标准。从 1998 年起，一系列千兆位以太网标准出台，包括 1000Base-T（双绞线）、1000Base-CX（同轴电缆）、1000Base-LX（长波光纤）和 1000Base-SX（短波光纤）。早在标准完成之前，许多千兆位以太网交换机就已经问世。

随着网络互联技术的发展，人们开始研究第三层交换。美国 Cisco 公司于 1996 年首先提出了标记交换的概念。后来，又发展成多协议标记交换协议（MPLS）。1997 年，IETF（Internet Engineering Task Force，Internet 工程任务组）成立了 MPLS 标准工作组，加快进行 MPLS 的标准化工作。尽管目前 MPLS 还未正式成为标准，但早被业界纷纷看好，许多产品都支持 MPLS 协议。

2. 其他计算机局域网技术

在计算机局域网的发展过程中，出现过许许多多的相关技术，有些还形成了技术标准。从目前看来，只有以太网和 ATM 技术具有生命力。下面是在局域网发展过程中除以太网之外比较有影响的技术。

（1）ATM。ATM（Asynchronous Transfer Mode，异步传输模式）最初是作为一种广域网的技术提出来的。在局域网中，ATM 技术也占有一席之地。20 世纪 70 年代末 80 年代初，美国 AT&T 的研究人员就开始探讨把电话交换网络和数据通信网络的技术结合起来。1988 年，国际电信联盟（ITU）的前身国际电报电话咨询委员会（CCITT）制定了宽带综合业务数字网（B-ISDN）的标准，其中包括 ATM。目前，在企业主干网中，有一部分采用 ATM 网络。ATM 的主要优势是有很好的服务质量保证，缺点是成本较高、管理不方便。

（2）令牌环网。IBM 公司曾经是令牌环网的主要推动者。1985 年，IBM 推出了第一个令牌环网的产品，传输速率为 4Mbps。在以太网解决了结构化布线之后，令牌环网趋向于消失。

（3）FDDI。FDDI（光纤分布式数据接口）是 1986 年由一些大型机公司（包括 Sperry、Burroughs、CDC 等）开发的。1988 年开始有产品问世。1990 年，美国标准化协会（ANSI）制定了相关的标准。FDDI 可以达到 100Mbps 的速率，技术上比较成熟。因此，在一段时间内成为主干网的首选。但是，随着快速以太网和 ATM 技术的发展，加上 FDDI 成本较高，所以逐渐被淘汰了。

## 二、广域网

广域网的目的是连接不同地区的计算机或计算机网络，它的范围可以是一个地区、一个省甚至全国。由于历史上电信网络早就组成了一个庞大的广域网，早期的广域网也大都利用电信网的线路传送信息，所以许多广域网的标准和协议都是由国际电信联盟制定的。

1.X.25

CCITT 于 1976 年发布了 X.25 协议，它规定了如何实现用户终端（如计算机）和分组数据交换网络的连接。最早的 X.25 协议支持最大数据传输速率为 64Kbps。1992 年国际电信联盟修订的 X.25 协议中，最大速率达到 2.048Mbpsc。中国电信于 1989 年 11 月开通第一个公用 X.25 数据网 CNPAC，1993 年又进行了大规模的扩充，称为 ChinaPAC。

2.DDN

DDN 即数字数据网，它是利用光纤或数字微波、通信卫星组成的数字传输通道和数字交叉复用节点组成的数据网络。DDN 网可以为用户提供各种速率的高质量数字专用电路和其他新业务，满足用户多媒体通信和组建中高速计算机通信网的需求。DDN 可提供的最高速率为 150Mbps。中国电信于 1992 年开展 DDN 业务，其 DDN 网称为 ChinaDDN。

3. 帧中继

由于 X.25 网传输数据的速率比较低，而线路的质量又有了极大的提高，因此，帧中继技术得到快速发展。1989 年，CCITT 发布了有关帧中继的协议标准。一般帧中继网的最高速率可达 10Mbpsc。中国电信于 1997 年建成中国公用帧中继宽带业务网，称为 ChinaFRN。

4.ISDN

随着计算机技术的迅速发展，数据业务不断增多，电信部门在 20 世纪 80 年代提出了 ISDN 的概念，即把语音、数据和图像等通信综合在一个电信网内。在 ISDN 中，全部信息都以数字化的形式进行传输和处理。

最早提出的是窄带 ISDN，即 N-ISDN。它的传输速率在 2Mbps 以下。CCITT 于 1984 年定义了 N-ISDN 的数字接口。1988 年 CCITT 发布了附加定义标准。ISDN 的服务由 2 种信道组成，即传输信息的运载信道（B 信道，带宽为 64Kbps）和传输信令的信令信道（D 信道）。N-ISDN 有 2 种用户 / 网络接口：基本接口和基群速率接口。基本接口由 2B+D 组成；基群速率接口由 23B+D 或 30B+D 组成。

宽带 ISDN 即 B-ISDN，可以满足电视会议、广播电视和高速数据传输的需求，最快可实现 622.08Mbps 的全双工数据通信。在 B-ISDN 网络中，往往采用 ATM 技术。

5.VPN

20 世纪 90 年代中期以后，VPN（Virtual Private Network，虚拟个人网络）技术开始流行。VPN 通过采用一种称为“隧道”的技术，在公用网络（例如 Internet 或其他商业网络）上传送数据包。在传送过程中，有一条专有的隧道模仿点到点的连接。这种方式使得来自许多信息源的网络流量经过分开的隧道在同一个网络中传送。

VPN 允许在传送信息时，各个网络具有不同的网络协议。VPN 还能把来自各个信息源的信息流相互区别开来，因此，VPN 可以指定信息流的目的地，并且可以提供不同级别的服务。目前，Cisco、3Com、北电网络和 Intel 等都推出了 VPN 产品。

# 第三节　信息存储与管理技术

各级水利部门在多年的工作实践中积淀并形成了海量的水利信息资源，这些数据是国家空间基础设施的重要组成部分，是开展各项水利业务的重要支撑。为了充分发挥海量数据在水利工作中的基础作用，实现信息共享，各级水利部门积极利用先进的信息存储与管理技术，包括海量存储设备、网络存储技术、数据库技术。

## 一、存储设备

常用的信息存储设备如下：

1. 利用电能方式存储信息的设备，如随机 RAM、ROM、U 盘、固态硬盘等各式存储器；
2. 利用磁能方式存储信息的设备，如硬盘、软盘、磁带、磁芯存储器、磁泡存储器；
3. 利用光学方式存储信息的设备，如 CD 或 DVD；
4. 利用磁光方式存储信息的设备，如 MO（磁光盘）；
5. 专用存储系统，如用于数据备份或容灾的专用信息系统。

## 二、网络存储技术

随着计算机应用技术、硬件技术和网络技术的日新月异，网络存储技术的运用越加普遍。网络存储结构大致分为三种：直连式存储（direct attached storage，简称 DAS）、网络附属存储（network attached storage，简称 NAS）和存储区域网络（storage area network，简称 SAN）。

1. 直连存储（DAS）。DAS 是一种存储器直接连接到服务器的架构，在这种方式中，存储设备是通过电缆（通常是 SCSI 接口电缆）直接到服务器的。1/O（输入 / 输出）请求直接发送到存储设备。DAS 依赖于服务器，其本身是硬件的堆叠，不带有任何存储操作系统。直连式存储与服务器主机之间的连接通常采用 SCSI 连接。随着服务器 CPU 的处理能力越来越强、存储硬盘空间越来越大、阵列的硬盘数量越来越多，SCSI 通道将会成为 1/O 瓶颈。随着用户数据的不断增长，尤其是数百 GB 以上时，其在备份、恢复、扩展、灾备等方面的问题变得日益困难。

2. 网络附属存储（NAS）。NAS 是连接在网络上，具备资料存储功能的装置。因此也称为网络存储器。NAS 设备一般支持多计算机平台，用户通过网络支持协议可进入相同的文档，因而 NAS 设备无须改造即可用于混合 Unix/Windows 局域网内；NAS 设备的物理位置灵活，可放置在工作组内，靠近数据中心的应用服务器，也可放在其他地点，通过物理链路与网络连接起来。无须应用服务器的干预，NAS 设备允许用户在网络上存取数据，这样既可减小CPU的开销，也能显著改善网络的性能。然而，由于存储数据通过普通数据网络传输，因此易受网络上其他流量的影响。当网络上有其他大数据流量时，会严重影响系统性能：由于存储数据通过普通数据网络传输，因此容易产生数据泄露等安全问题。

3. 存储区域网络（SAN）。SAN是一种高速网络或子网络，提供在计算机与存储系统之间的数据传输。SAN采用网状通道（fibre channel，简称FC）技术，通过FC交换机连接存储阵列和服务器主机，建立专用于数据存储的区域网络。SAN不受现今主流的、基于SCSI存储结构的布局限制；随着存储容量的爆炸性增长，SAN允许企业独立地增加它们的存储容量；SAN的结构允许任何服务器连接到任何存储阵列，这样不管数据置放在哪里，服务器都可以直接存取所需的数据；因为采用了光纤接口，SAN还具有更高的带宽；SAN解决方案是从基本功能剥离出存储功能。所以运行备份操作就无须考虑它们对网络总体性能的影响；SAN方案也使得管理及集中控制实现简化，特别是对于全部存储设备都集群在一起的时候。

## 三、数据库技术

1. 数据库。数据库（database，简称DB）顾名思义就是存放数据的仓库，但这个“仓库”是建立在计算机存储设备上的。数据库是相互关联的数据的集合，它用综合的方法组织数据，具有较小的数据冗余，可供多个用户共享，具有较高的数据独立性，具有安全控制机制，能够保证数据的安全、可靠，允许并发地使用，能有效、及时地处理数据，并能保证数据的一致性和完整性。一般来说，存储在数据库中的数据可以分为用户数据和系统数据两类。用户数据是人为地存储到数据库中，并为应用数据库提供服务；系统数据是数据库系统自动定义和使用的数据，为管理数据库提供服务。

2. 数据库管理系统（database management system，简称DBMS）。它运行在操作系统之上，为用户提供数据管理服务。具体来说，数据库管理系统具备如下功能：

（1）数据库定义功能，可以定义数据库的结构和数据库的存储结构。可以定义数据库中数据之间的联系，也可以定义数据的完整性约束条件和保证完整性的触发机制等。

（2）数据库操纵功能，可以完成对数据库中数据的操作，可以装入、删除和修改数据，可以重新组织数据库的存储结构，也可以完成数据库的备份和恢复等操作。

（3）数据库查询功能。可以以各种方式提供灵活的查询功能，使用户可以方便地使用数据库的数据。

（4）数据库控制功能，可以完成对数据库的安全性控制、完整性控制以及多用户环境下的并发控制等各方面的控制。

（5）数据库通信功能，在分布式数据库或提供网络操作功能的数据库中还必须提供数据库的通信功能。

3. 应用。水利行业数据库建设是水利信息化的基础，也是水利管理决策的重要依据。

目前，水利行业已建成了许多数据库，主要集中在防汛抗旱指挥和行政资源管理方面。一些大型基础性数据库的建设也在进行中。水利基础数据库的建设主要集中在水文数据库建设、水利空间数据库建设、水利工程数据库建设三个方面。

（1）水文数据库存储经过整编的历年水文观测数据，是开发水利、防治水害、合理利用水资源、保护环境和进行其他经济建设必不可少的基本资料。

（2）水利空间数据库是描述所有水利要素空间分布特征的数据库，信息主要来自各类地图，通过地理信息系统空间建库功能，建立满足不同应用精度要求，具有相同坐标体系的数字地图信息。

（3）水利工程数据库是描述所有水利工程基础属性的数据库，包括设计指标、工程现状及历史运用信息。其他基础数据库有防洪工情数据库、雨水情数据库、社会人文经济信息数据、多媒体资料库、气象图文数据库、历史资料数据库、水环境基础数据库、水土保持数据库。

# 第四节 软件工程技术

软件工程（software engineering）是一门研究用工程化的方法构建和维护有效、实用的高质量软件的学科。它涉及程序设计语言、数据库、软件开发工具、系统平台、标准、设计模式等方面。软件工程就是将系统化的、严格约束的、可量化的方法应用于软件的开发、运行和维护，即将工程化应用于软件中。软件工程过程主要包括开发过程、运作过程维护过程，它们覆盖了需求、设计、实现、确认以及维护等活动。近几年，中间件、虚拟化、互联网、云计算等新概念不断涌现，为软件工程提供了新技术、新方法。

## 一、云计算

对云计算的定义有多种说法。现阶段广为接受的是美国国家标准与技术研究院（NIST）的定义：云计算是一种按使用量付费的模式，这种模式提供可用的、便捷的、按需的网络访问，进入可配置的计算资源共享池（资源包括网络、服务器、存储、应用软件、服务），这些资源能够被快速提供，只需投入很少的管理工作，或与服务供应商进行很少的交互。

1. 云计算架构

一般来说，目前公认的云架构划分为基础设施即服务（laaS）、平台即服务（PaaS）和软件即服务（SaaS）。基础设施即服务目标是在网上提供虚拟的硬件、网络等基础设施，用户可以使用该服务部署自己的网站及软件，以实现自己的业务需求。而平台即服务是在laaS层次之上提供中间件，用户可以使用平台功能，快速开发部署SaaS应用。软件即服务的历史更长，其实现了可配置业务服务，用户仅需要通过配置，以完成自己需要的业务功能，因此软件即服务一般直接面向最终用户，实现“云”计算。从部署的角度看，云计算可以分为三种基本类型：公有云、私有云和混合云。公有云是由若干用户或企业共享的云环境；私有云的基础架构是企业或组织单独拥有和使用的；混合云则是公有云和私有云的混合形式。由于安全性、隐私性是当前公有云所面临的严峻挑战，私有云和混合云成为当前企业主要的采用形式。

2. 关键技术

虚拟化与面向服务的体系结构（SOA）、Web 服务是实施云计算最为关键的技术，虚拟机技术可用于计算、存储和网络资源的整合，能为有效地解决资源整合难的问题提供可行途径；遵循 SOA 的目的是利用 SOA 的开放性和标准化实现多样的集成机制，进而解决数据资源共享难、系统横向业务协同难的问题。虚拟化是资源的逻辑表示，它不受物理限制的约束。从软件工程角度来说，SOA 包含了一组用来设计、开发和部署软件系统的原则和方法，最大的优点在于为软件系统提供松耦合机制、跨平台的特性。Web 服务是具有自包含、自描述特性的，基于标准技术的组件，可以通过 Web 进行访问，也是实现 SOA 的最主要方式。通常，云服务被设计成标准的 Web 服务，并纳入 SOA 体系进行管理和使用。

3. 应用

对于水利信息化应用而言，水利行业技术密集、问题复杂、协作性强，应用上要求信息共享、知识智能、协同工作等，很多具体应用需求和未来发展需要也普遍存在，例如，水利信息化应用中不乏需要高性能计算的用例。显然，水利信息化可受益于云计算所能提供的灵活随需、动态可扩展的架构，运用云计算技术解决水利领域中存在的“基础资源整合难、遗产系统重用难、业务系统协同难”等共性问题。但是，事实上，成功的云应用和平台还处于星星之火的阶段，依然缺乏更为系统的方法论层面的研究。当前，在云计算与水利信息化领域结合方面，存在诸多问题，比如选型、架构、成本核算、云服务方式、水利信息化特定场景应用等，最为突出的问题是缺乏统一标准和亟待明确的应用方式。由于云计算尚没有统一的标准，各大 IT 公司、开源组织也提出侧重不同场景的解决方案，这就使得云计算研究和应用存在以邻为壑的现象。

不同标准的云计算体系，将直接带来数据、资源管理、安全及互操作方面的问题。如果水利领域上下级单位或者横向部门不能通盘考虑。采用不同技术手段的云计算解决方案，必然导致各种应用之间不能协同工作，信息孤岛仅变成了信息孤“云”，计算、数据资源还是根本不能充分利用，必然使得云计算的优势大打折扣。

对于水利领域云应用的建设思路，应以信息共享、互联互通为重点，大力推进水利信息化资源整合与共享。向全社会提供进出信息服务，通过集中人力、物力构建云计算平台，减少不必要的软硬件投资，各级、各地水利部门可以在水利云平台上拥有自己的私有云，将自身的信息化资源纳入共享、整合的机制下，用户通过网络按需访问云中的信息服务，实现水利信息资源畅达“最后一公里”。但是。当前对于以何种方式开展云应用并非很明确。往往选用了某个解决方案或选型软件就建立云平台，最后发现花了高昂的建设成本，却没能解决期望解决的业务问题。对于中小规模的单位而言，创建一个私有云，既是云用户，又当云管理者，应用和管理成本会很高。另外，有些单位的应用需要保证数据资源的安全，而有些单位的应用需要考虑低成本的快速扩展所需的计算资源。这就需要采用不同的云应用方式。

## 二、虚拟化

虚拟化是 laaS 的核心和关键。虚拟化（virtualization）是一种资源管理技术，是将计算机的各种实体资源——如服务器、网络、内存及存储等——予以抽象、转换后呈现出来。打破实体结构间不可切割的障碍，使用户可以比原本的组态更好的方式来应用这些资源。这些资源的新虚拟部分是不受现有资源的架设方式、地域或物理组态所限制。虚拟化是一种方法，本质上讲是指从逻辑角度而不是物理角度来对资源进行配置，是从单一的逻辑角度来看待不同的物理资源的方法。对于用户，虚拟化技术实现了软件跟硬件分离，用户不需要考虑后台的具体硬件实现，而只需在虚拟层环境中运行自己的系统和软件。通过虚拟化可以对包括基础设施、系统和软件等计算机资源的表示、访问和管理进行简化，并为这些资源提供标准的接口来接受输入和提供输出。根据被虚拟的资源的不同，虚拟化技术可以分为服务器虚拟化、存储虚拟化、网络虚拟化、应用虚拟化等。

1. 服务器虚拟化

服务器虚拟化能够通过区分资源的优先次序，并随时随地将服务器资源分配给最需要它们的工作负载来简化管理和提高效率，从而减少为单个工作负载峰值而储备的资源。通过服务器虚拟化技术，用户可以动态启用虚拟服务器（又叫虚拟机），每个服务器实际上可以让操作系统（以及在上面运行的任何应用程序）误以为虚拟机就是实际硬件。运行多个虚拟机还可以充分发挥物理服务器的计算潜能，迅速应对数据中心不断变化的需求。

2. 存储虚拟化

所谓虚拟存储，就是把多个存储介质模块（如硬盘、磁盘阵列）通过一定的手段集中管理起来。所有的存储模块在一个存储池中得到统一管理，从主机和工作站的角度看到的就不是多个硬盘，而是一个分区或者卷，就好像是一个超大容量的硬盘。这种可以将多种、多个存储设备统一管理起来，为使用者提供大容量、高数据传输性能的存储系统，就称为虚拟存储。

3. 网络虚拟化

网络虚拟化从总体来说，分为纵向分割和横向整合两大类概念。早期的“网络虚拟化”。是指虚拟专用网络（VPN）。VPN 对网络连接的概念进行工抽象，允许远程用户访问组织的内部网络，就像物理上连接到该网络一样。网络虚拟化可以帮助保护 IT 环境，防止来自 In-ternet 的威胁，同时使用户能够快速安全地访问应用程序和数据。随后的网络虚拟化技术随着数据中心业务要求发展为多种应用承载在一张物理网络上，通过网络虚拟化分制

（称为纵向分割）功能使得不同企业机构相互隔离，但可在同一网络上访问自身应用，从而实现了将物理网络进行逻辑纵向分割虚拟化为多个网络。如果把一个企业网络分隔成多个不同的子网络，它们使用不同的规则和控制，用户就可以充分利用基础网络的虚拟化功能，而不是部署多套网络来实现这种隔离机制。

从另外一个角度来看，多个网络节点承载上层应用，基于冗余的网络设计带来复杂性，而将多个网络节点进行整合（称为横向整合），虚拟化成一台逻辑设备、提升数据中心网络可用性、节点性能的同时将极大简化网络架构。使用网络虚拟化技术，用户可以将多台设备连接，“横向整合”起来组成一个“联合设备”，并将这些设备看作单一设备进行管理和使用。虚拟化整合后的设备组成了一个逻辑单元，在网络中表现为一个网元节点，管理简单化、配置简单化、可跨设备链路聚合，极大地简化网络架构，同时进一步增强冗余可靠性。

4. 应用虚拟化

应用虚拟化通常包括两层含义：一是应用软件的虚拟化，二是桌面的虚拟化。所谓应用软件虚拟化，就是将应用软件从操作系统中分离出来，通过自己压缩后的可执行文件夹来运行，而不与任何设备驱动程序或者用户的文件系统相连，借助这种技术，用户可以减小应用软件的安全隐患和维护成本，以及进行合理的数据备份与恢复。

桌面虚拟化就是专注于桌面应用及其运行环境的模拟与分发，是对现有桌面管理自动化体系的完善和补充。当今的桌面环境将桌面组件（硬件、操作系统、应用程序、用户配置文件和数据）联系在一起，给支持和维护带来了很大困难。采用桌面虚拟化技术之后，将不需要在每个用户的桌面上部署和管理多个软件客户端系统，所有应用客户端系统都将一次性地部署在数据中心的一台专用服务器上，这台服务器就放在应用服务器的前面。客户端也不需要通过网络向每个用户发送实际的数据，只有虚拟的客户端界面（屏幕图像更新、按键、鼠标移动等）被实际传送并显示在用户的电脑上。这个过程对最终用户是一目了然的，最终用户的感觉好像是实际的客户端软件正在他的桌面上运行一样。

面对水利信息存储及应用上的多源、异构、自治的特点。根据虚拟化的基本思想，保持各数据来源的高度自治，允许数据源存在加入和退出的独立性和随机性，构建虚拟化的水利数据共享体系，能够很好地解决多源异构的水利信息在自治管理条件下共享和联合应用等问题。通过服务器整合，控制和减少物理服务器的数量，可以显著提高各个物理服务器及其 CPU 的资源利用率，从而降低硬件成本，同时可以将所有服务器作为大的资源统一进行管理，并按需进行资源调配。虚拟化技术的应用。将加快新服务器和应用的部署，大大降低服务器重建和应用加载时长。此外，虚拟化技术还可以提高系统运行的可靠性，简化数据备份方式和恢复流程，降低运营和维护成本。

## 三、中间件

中间件是指网络环境下处于操作系统、数据库等系统软件和应用软件之间的一种起连接作用的分布式软件，主要解决异构网络环境下分布式应用软件的互连与互操作问题，提供标准接口协议，屏蔽实现细节，提高应用系统的易移植性。中间件在操作系统、网络和数据库之上，应用软件的下层，总的作用是为处于自己上层的应用软件提供运行与开发的环境，帮助用户灵活、高效地开发和集成复杂的应用软件。形象地说，就是上下之间的中间。此外，中间件主要为网络分布式计算环境提供通信服务、交换服务、语义互操作服务等系统之间的协同集成服务，解决系统之间的互连互通问题。形象地说，就是所谓左右之间的中间。

1. 技术特点

中间件有以下几个重要特征：

（1）平台化。中间件是一个平台，必须独立存在，它是运行时刻的系统软件，为上层的网络应用系统提供一个运行环境，并通过标准的接口和 API（应用程序编程接口）来隔离其支撑的系统，实现其独立性，也就是平台性。

（2）应用支撑。中间件的最终目的是解决上层应用系统的问题，现代面向服务的中间件在软件的模型、结构、互操作以及开发方法等四个方面提供了更强的应用支撑能力。

（3）软件复用。现代中间件的重要发展趋势就是以服务为核心，通过服务或者服务组件来实现更高层次的复用、解耦和互操作。

（4）耦合关系。基于 SOA 架构的中间件通过服务的封装，实现了业务逻辑与网络连接、数据转换等进行完全的解耦。

（5）互操作性。基于 SOA 的中间件能够屏蔽操作系统和网络协议的差异，实现访问互操作、语义互操作。

2. 应用

水利信息化综合系统建设是一项复杂而庞大的系统工程，资源的高度共享和集成是其建设的主要目标之一。应用服务平台搭建是建立共享机制的关键，采用的技术手段主要是中间件。

（1）整合新老系统。采用数据库中间件技术解决异种数据源的新老系统集成，特别是对仍需要由原有系统更新数据的一类原有应用系统。采用面向消息或对象的中间件技术解决原有系统业务逻辑层的集成，其基本思想是抽取原有系统的业务逻辑依托应用服务进行封装，通过互操作等桥接方式完成控制集成。

（2）建立数据共享服务。结合水文数据库、工情险情数据库以及各类实时数据库的建设，利用中间件技术实现资源共享与应用集成，建立数据共享平台，达到数据共享方式从应用直接访问非专有数据库到通过共享平台的转换。要实现的内容主要包括异构数据库的集成、资源统一管理、资源共享以及访问管理等几个方面的工作。异构数据库、分布式数据库的集成可以利用数据库中间件来实现，为各种应用系统提供数据库间接访问服务。跨平台的数据交换可以借助通信中间件或消息传递中间件完成。

（3）开发空间信息处理逻辑。GIS 服务是应用服务平台提供的一项面向各个应用系统的重要服务。利用 GIS 中间件，开发 C/S（客户 / 服务器）和 B/S（浏览器 / 服务器）结构的空间信息服务，提供空间数据库管理功能，在空间数据管理的基础上实现地图导航 / 查询、地图叠加表现、图形图像表示、空间信息分析以及可视化的计算模拟服务、虚拟现实，等等。

（4）构建通用会商支持模块。通过分析应用系统的组成不难发现，除了专业模型之外，在数据查询、统计分析、绘图等会商支持方面有很多的共性，而且这部分的开发工作比重远大于专业模型。对于这些通用的会商支持功能模块，可以通过目前比较成熟的远程过程调用中间件技术实现共享。此外，还可以利用中间件技术实现网络安全管理、权限及冲突处理、网络负载平衡等。

## 第五节　信息系统集成技术

集成即集合、组合、一体化，以有机结合、协调工作、提高效率和创造效益为目的，将各个部分组合成全新功能的、高效和统一的有机整体。信息系统集成是指通过结构化的综合布线系统和计算机网络技术，将各个分离的设备、功能和信息等集成到相互关联的、统一和协调的系统之中，使资源达到充分共享，实现集中、高效、便利的管理。信息系统集成包括硬件集成、软件集成、数据信息集成、技术管理集成、组织机构集成等。

根据诺兰模型，信息化的阶段可被划分为初始阶段、普及阶段、发展阶段、系统内集成阶段、跨部门集成、成熟阶段等多个阶段。目前，我国水利信息化总体上处于发展阶段，同时具有从发展阶段到集成阶段过渡的需求。随着水利信息化的不断发展，各水利部门都根据自身的需要，建立了许多应用系统，这些系统的应用对减少工作人员的工作量、提高工作效率起到了积极的作用。但总地来看，现有系统中，信息的有效利用率不高，部门内部以及部门之间的信息与业务流程衔接还不紧密，各类信息系统相对独立，信息系统建设水平较低，"信息孤岛"问题还比较突出。

水利信息系统集成主要包括三个层次：数据集成、应用集成、网络集成。

1. 数据集成

数据集成是把不同来源、格式、特点性质的数据在逻辑上或物理上有机地集中，从而提供全面的数据共享。在数据集成领域，已经有了很多成熟的框架可以利用，通常采用联邦式，基于中间件模型和数据仓库等方法来构造集成的系统。

（1）联邦数据库系统（FDBS）由半自治数据库系统构成，相互之间分享数据，各数据源之间相互提供访问接口，同时联邦数据库系统可以是集中数据库系统或分布式数据库系统及其他联邦式系统。在这种模式下又分为紧耦合和松耦合两种情况：紧耦合提供统一的访问模式，一般是静态的，在增加数据源上比较困难；而松耦合则不提供统一的接口，但可以通过统一的语言访问数据源，其中的核心是必须解决所有数据源语义上的问题。

（2）中间件模式通过统一的全局数据模型来访问异构的数据库、遗留系统、Web 资源等。中间件位于异构数据源系统（数据层）和应用程序（应用层）之间，向下协调各数据源系统，向上为访问集成数据的应用提供统一数据模式和数据访问的通用接口。各数据源的应用仍然完成它们的任务，中间件系统则主要集中为异构数据源提供一个高层次检索服务。中间件模式通过在中间层提供一个统一的数据逻辑视图来隐藏底层的数据细节，使用户可以把集成数据源看作一个统一的整体。这种模型下的关键问题是如何构造这个逻辑视图，并使不同数据源之间能映射到这个中间层。

（3）数据仓库是面向主题的、集成的、与时间相关的和不可修改的数据集合，其中，数据被归类为广义的、功能上独立的、没有重叠的主题。联邦数据库系统主要面向多个数据库系统的集成，其中数据源有可能要映射到每一个数据模式，当集成的系统很大时，对实际开发将带来巨大的困难。数据仓库技术则在另外一个层面上表达数据之间的共享，它主要是为了针对某个应用领域提出的一种数据集成方法，即建立面向主题的数据仓库应用。

2. 应用集成

应用集成就是建立一个统一的综合应用，也即将截然不同的、基于各种不同平台、用不同方案建立的应用软件和系统有机地集成到一个无缝的、并列的、易于访问的单一系统中，并使它们像一个整体一样，进行业务处理和信息共享。应用集成包含以下几个层次：

（1）数据接口层。解决的是应用集成服务器与被集成系统之间的连接和数据接口的问题。其涉及的内容包括应用系统适配器、Web 服务接口以及定制适配器等。通常采用适配器技术。

（2）应用集成层。应用集成层位于数据接口层之上，它主要解决的是被集成系统的数据转换问题，方法是通过建立统一的数据模型来实现不同系统间的数据转换。其涉及的内容包括数据格式定义、数据转换以及消息路由等。

（3）流程集成层。流程集成层位于应用集成层之上，它将不同的应用系统连接在一起，进行协同工作，并提供业务流程管理的相关功能，包括流程设计、监控和规划。

（4）用户交互层。最上端是用户交互层，它为用户在界面上提供一个统一的信息服务功能入口，通过将内部和外部各种相对分散独立的信息组成一个统一的整体，保证了用户既能从统一的渠道访问其所需的信息，也可以依据每一个用户的要求来设置和提供个性化的服务。

3. 网络集成

网络集成即是根据应用的需要，运用系统集成方法，将硬件设备、软件设备、网络基础设施、网络设备、网络系统软件、网络基础服务系统、应用软件等组成一体，使之成为能组建一个完整、可靠、经济、安全、高效的计算机网络系统的全过程。从技术角度来看，网络系统集成是将计算机技术、网络技术、控制技术、通信技术、应用系统开发技术、建筑装修等技术综合运用到网络工程中的一门综合技术。网络系统集成体系由网络平台、服务平台、应用平台、开发平台、数据库平台、网络管理平台、安全平台、用户平台、环境平台构成。

（1）网络平台，包括网络传输基础设施、网络通信设备、网络协议、网络操作系统和网络服务器。

（2）服务平台，包括信息点播服务、信息广播服务、Internet 服务、远程计算与事务处理、电视电话监控等其他服务。

（3）应用平台，包括电子数据交换、电子商务等。

（4）开发平台，主要指进行开发网络应用程序所使用的工具，主要包括数据库开发工具、Web 开发工具、多媒体创作工具、通用类开发工具等。

（5）数据库平台。

（6）网络管理平台，包括管理者的网管平台和代理的网管平台。

（7）安全平台，使用的主要技术包括防火墙技术、数据加密技术、访问限制等。

（8）用户平台，包括 C/S 平台界面、B/S 平台界面、图形用户界面等。

（9）环境平台，包括机房、电源、其他辅助设备等。

## 第六节　决策支持技术

决策支持系统（decision support system，简称 DSS），是以管理科学、运筹学、控制论和行为科学为基础，以计算机技术、仿真技术和信息技术为手段，针对半结构化的决策问题，支持决策活动的具有智能作用的人机系统。

1. 功能

决策支持系统能够为决策者提供所需的数据、信息和背景资料，帮助其明确决策目标和进行问题的识别，建立或修改决策模型，提供各种备选方案，并且对各种方案进行评价和优选，通过人机交互功能进行分析、比较和判断，为正确的决策提供必要的支持。系统只是支持用户而不是代替他判断。因此，系统并不提供所谓“最优”的解，而是给出一类满意解，让用户自行决断。同时，系统并不要求用户给出一个预先定义好的决策过程。系统所支持的主要对象是半结构化和非结构化的决策（不能完全用数学模型、数学公式来求解）。它的一部分分析可由计算机自动进行，但需要用户的监视和及时参与。决策支持系统采用人机对话的有效形式解决问题，充分利用人的丰富经验、计算机的高速处理及存储量大的特点，各取所长，有利于问题的解决。

2. 相关技术

人工智能、各种分布式技术、数据仓库和数据挖掘、联机分析处理等技术发展起来后，迅速与DSS相结合，形成了智能决策支持系统（IDSS）、分布式决策支持系统（DDSS）、群/组织决策支持系统（GDSS/ODSS）和智能、交互式、集成化的决策支持系统（13DSS）等。

（1）数据仓库。数据仓库是支持管理决策过程的、面向主题的、集成的、随时间变化的、持久的数据集合。数据仓库中的数据大体分为四级：远期基本数据、近期基本数据、轻度综合数据和高度综合数据。还有一部分重要数据是元数据，即关于数据的数据，数据仓库中用来与终端用户的多维模型与前端工具间建立映射的元数据，称为决策支持系统的元数据。

（2）联机分析处理（online analytical processing，简称 OLAP）。OLAP 是使分析人员、管理人员或执行人员能够从多种角度，对从原始数据中转化出来的、能够真正为用户所理解并真实反映机构维度特性的信息，进行快速、一致、交互的存取，从而获得对数据的更深入了解的一类软件技术。OLAP 可以在数据仓库的基础上对数据进行分析，以辅助决策。由于决策支持用户的需求是未知的、临时的、模糊的，因此在决策中需采用多维分析的方法。OLAP 系统还能处理与应用有关的任何逻辑分析和统计分析。基于非常大的数据量，OLAP 系统管理者和决策分析者能够快速、有效、一致、交互地访问检索各种信息的视图，同时能够进行有力的比较和分析发展趋势。

（3）数据挖掘。数据挖掘技术是建立数据仓库的难点和核心问题，是使数据仓库成为决策支持的最好工具。它是从大量数据中挖掘出隐含的、先前未知的、对决策有潜在价值的知识和规则，为决策、策划、预测等提供依据，帮助机构的决策者调整市场策略，降低风险，做出正确判断和决策。OLAP 是一种验证型的分析，是由用户驱动的，很大程度上受到用户水平的限制，而数据挖掘是数据驱动的，系统能够根据数据本身的规律性，自动地挖掘数据潜在的模式，或通过联想建立新的业务模型，找到正确的决策，是一种真正的知识发现方法。

3. 应用

在水利信息化建设中，决策支持系统建设是最高层次的建设。它重点完成水利信息化中的知识发现与基于智能化工具的应用系统建设，在此基础上完成水利行政、防洪、水资源管理、水环境管理等决策支持服务系统的建设任务，全面达到水利现代化对水利信息化的要求。根据水利工作的实际情况，水利决策支持系统主要包括防汛决策支持系统、抗旱决策支持系统、水资源决策支持系统、水环境决策支持系统、水土保持决策支持系统、水利综合会商系统等。

（1）防汛决策支持系统建设是保障防汛抗洪工作有效和科学的前提条件，在实时数据采集系统建立的前提下，可以利用遥测数据、遥感图片等进行相应的暴雨预报、洪水预报、洪水调度等工作，可以提前为防汛抗洪工作做出指导性的预报、预警措施。

（2）抗旱决策支持系统有两类数据源：一类是遥感数据源，另一类是旱情监测站采集的旱情信息数据。抗旱决策支持系统在遥感图片的基础上，结合相关的计算模型进行计算，可以快速、准确地获得同一时期内大范围的土壤含水量信息，以提供第一手的辅助决策资料。同时也可以根据地面旱情固定、流动监测站采集的地下水埋深、土壤含水量、土壤温湿度等数据，作为区域遥感数据校正的参考。

（3）水资源决策支持系统在水资源数据库及地理数据库的基础上，采用相关的数学模型进行计算，评价水资源量、预测水资源量、对水资源进行优化管理和科学调度。

（4）水环境决策支持系统在水环境数据库及地理数据库的基础上，采用相关的数学模型进行计算，评价水质、预测模拟水质变化、计算水环境容量、控制规划污染物总量。水环境决策支持系统将成为环境管理和环境执法的重要依据。

（5）水土保持决策支持系统是建立在水土流失数据库和地理数据库的基础上，利用水土流失评价及治理数学模型，采用智能决策支持系统的思想建立水土流失模型库，为水土流失的评价及预测提供强大的决策支持。它不仅对土壤侵蚀评价提供科学方法，还与实时水保监测系统集成，保障水土保持治理工程的科学性，指导水保工程的规划和实施。

（6）水利综合会商系统集中展示上述各种决策支持系统提供的关于防汛、抗旱、水资源、水环境、水土保持等数据，为水利部门主管领导提供集成的会商环境，以便会商人员迅速地做出科学决策，下达会商命令。

## 第七节　水利信息化技术应用前景

1. 社会发展对信息技术的应用提出更高要求。社会的发展是一个加速的进程，安全保障日益得到重视，在建设和谐社会和以人为本的社会理念指导下，保护生命安全和环境安全的要求被放到治水工作的首要位置。水利信息化建设对防灾减灾、环境保护、水资源管理、工程管理，进一步提高我国科学治水水平，建立人与水和谐的社会环境，发挥着十分重要的作用。加快现代信息技术的推广与应用，推进水利信息化建设是社会发展的必然需求。

2. 信息技术发展为水利信息化建设创造条件。现代信息技术的飞速发展和进步，为基于信息技术发展的水利信息化建设和完善提供了技术保障。先进成熟的信息技术成果为防汛抗旱、水资源管理、环境与生态建设等水利行业的信息监测、传输、存储、查询、检索、分析与展示提供了技术条件，使水利信息化推动水利现代化成为可能。

3. 专业模型技术改进为信息技术应用提供技术支持。水利信息化建设的主要内容之一是决策支持系统建设，而决策支持系统建设的重要依据是水情、旱情、灾情等信息的分析成果，这些分析成果主要来源于气象预测预报、洪水预测预报、洪水演进分析模型系统、洪水调度模型系统、溃坝分析、旱情分析、水资源管理、水质、环境评估等专业模型系统。近年来，有关专业模型技术得到了逐步改进和完善，并随着计算机技术的发展，为复杂的模拟分析计算提供了条件。可以说，专业模型技术的发展为决策支持系统建设的实用性提供了强有力的技术支撑，是水利信息化建设与发展的坚强后盾。

4. 经济发展为信息技术应用提供了资金保障。改革开放以来，我国经济发展迅速，国力得到了大大增强，人民生活得到了全面改善。为了人们生命安全、社会稳定、环境保护、经济可持续发展，各级政府有能力、有条件投入更多的资金进行水利信息化建设事业。

# 结 语

水利设施一直是我国基础设施建设的重要工程，在今天，随着我国经济的快速发展、科技的不断进步，水利工程项目的施工可以更多地依靠科技力量，采取更加先进的施工技术提高建设效率，达到提高工程质量、节约投入成本的目的。

水利企业能否长期发展与进步最关键的是该工程施工质量能否符合标准，同时，良好的施工质量也是水利工程保护人民生命财产安全职责的重要依据。冬季自然环境的特殊性在水利施工时会对工程质造成不利影响，这就要求相关部门在进行冬季施工时一定要提前做好准备工作，加强对水利工程冬季施工问题的研究，并选择合理的施工技术来确保水利工程冬季施工的可持续发展路线。

# 参考文献

[1] 林延均 . 水利工程施工中土方填筑施工技术分析 [J]. 珠江水运，2021（23）：54-55. DOI：10.14125/j.cnki.zjsy.2021.23.024.

[2] 刘庆红 . 水利工程项目中的防洪墙施工工序及技术要点 [J]. 工程建设与设计，2021（23）：83-85+98.DOI：10.13616/j.cnki.gcjsysj.2021.12.020.

[3] 刘磊 . 水利水电建设工程中灌浆施工技术及控制措施分析 [J]. 城市建筑，2021，18（29）：142-143+192.DOI：10.19892/j.cnki.csjz.2021.29.40.

[4] 潘意正 . 基于精细化管理的水利工程项目施工管理研究 [J]. 珠江水运，2021（19）：70-71.DOI：10.14125/j.cnki.zjsy.2021.19.029.

[5] 刘成成 . 浅谈农业水利工程施工质量控制 [J]. 农业科技与信息，2021（16）：111-112+119.DOI：10.15979/j.cnki.cn62-1057/s.2021.16.044.

[6] 张婧娴，刘文锋 . 水利工程项目冲孔灌注桩施工技术要点 [J]. 绿色环保建材，2021（08）：177-178.DOI：10.16767/j.cnki.10-1213/tu.2021.08.087.

[7] 李晓波，张旭 . 信息化技术与水利工程施工管理的融合 [J]. 智能建筑与智慧城市，2021（08）：91-92.DOI：10.13655/j.cnki.ibci.2021.08.041.

[8] 罗兵 . 水利工程不良地基处理技术探究 [J]. 珠江水运，2021（15）：55-56.DOI：10.14125/j.cnki.zjsy.2021.15.023.

[9] 王文琦 . 基于 BIM 的水利工程项目施工信息共享系统 [J]. 水利科技与经济，2021，27（07）：117-122.

[10] 刘雪山 . 水利工程隧洞开挖施工技术 [J]. 珠江水运，2021（13）：68-69.DOI：10.14125/j.cnki.zjsy.2021.13.029.

[11] 杨立兵，毛光海，刘杨涛 . 水利工程项目冲孔灌注桩施工技术要点 [J]. 珠江水运，2021（13）：101-102.DOI：10.14125/j.cnki.zjsy.2021.13.045.

[12] 张家健 . 水利水电施工工程中边坡开挖支护技术 [J]. 中国高新科技，2021（13）：55-56.

[13] 田光临 . 基坑排水施工技术在水利工程中的应用分析 [J]. 四川水泥，2021（07）：256-257.

[14] 吕立群 . 水利工程施工中边坡开挖支护技术的应用 [J]. 住宅与房地产，2021（19）：231-232.

[15] 李涛 . 水利水电工程施工中的边坡开挖与支护技术 [J]. 中国新技术新产品，2021（12）：73-75.DOI：10.13612/j.cnki.cntp.2021.12.023.

[16] 李波 . 水利工程防渗处理中的灌浆施工技术分析 [J]. 智能城市，2021，7(10)：145-146.DOI：10.19301/j.cnki.zincs.2021.10.073.

[17] 秦奎峰，李秉哲 . 水利工程技术创新及技术管理分析 [C]//2021(第九届）中国水利信息化技术论坛论文集，2021：410-413.DOI：10.26914/c.cnkihy.2021.006854.

[18] 聂春凤 . 水利工程施工中导流施工技术探究 [J]. 绿色环保建材，2021(05)：155-156.DOI：10.16767/j.cnki.10-1213/tu.2021.05.078.

[19] 潘娟娟，刘颢 . 数字化测绘技术在水利水电工程施工中的应用 [J]. 中国新技术新产品，2021(07)：97-99.DOI：10.13612/j.cnki.cntp.2021.07.031.

[20] 郑立臣，谭树芬 . 水利工程中河道生态护坡施工技术 [J]. 中国新技术新产品，2021(06)：108-110.DOI：10.13612/j.cnki.cntp.2021.06.033.

[21] 陈惠达 . 水利工程施工技术及项目管理 [M]. 中国原子能出版社，2020.

[22] 王桂芹，郝小贞，杨志静著 . 水利工程施工技术与项目管理 [M]. 中国原子能出版社，2018.

[23] 水利水电建设工程项目管理与施工技术创新 [M]. 北京：中国华侨出版社，2020.

[24] 牛丽霞，李美荣，高拴会主编 . 水利工程施工技术与项目管理 [M]. 天津：天津科学技术出版社，2014.

[25] 王东升，徐培蓁主编 . 朱亚光，谭春玲，邢庆如副主编 . 水利水电工程施工安全生产技术 [M]. 徐州：中国矿业大学出版社，2018.

[26] 水利部水资源司 . 水利水电工程施工技术国家示范性高等职业院校建设计划项目中央财政支持重点建设专业杨凌职业技术学院 [M]. 北京：中国水利水电出版社 .

[27] 王海雷，王力，李忠才主编 . 水利工程管理与施工技术 [M]. 北京：九州出版社，2018.

[28] 高占祥 . 水利水电工程施工项目管理 [M]. 南昌：江西科学技术出版社，2018.

[29] 林彦春，周灵杰，张继宇，等编 . 水利工程施工技术与管理 [M]. 郑州：黄河水利出版社，2016.

[30] 梁建林，闫国新，吴伟，姚伟华主编 . 孙鹏辉，马国胜，候荣丽，冯辰晨副主编 . 邹旅泰主审 . 水利水电工程施工项目管理实务 [M]. 郑州：黄河水利出版社，2015.